普通高等学校"十四五"规划计算机类专业特色教材

Python程序设计

李　浪　余孝忠　李家瑶　欧　雨　唐良文　编著

华中科技大学出版社

中国·武汉

内 容 介 绍

本书是结合多年教学和项目实践经验编写的一本 Python 程序设计实用教程。全书针对初学者的特点，由浅入深、循序渐进地介绍了 Python 语言的基本原理和方法，主要内容包括 Python 语言的基础知识及开发平台、程序流程控制、常用数据类型、函数、类和对象、Web 应用开发及图形界面编程等内容。

本书部分内容为编者在开发校级在线测试与训练系统的最新成果，从初学者的角度进行编写，所选案例具有较强的代表性，有助于读者举一反三。全书内容注重理论性与实用性的结合，其中例题与习题大多是一些应用型的实例。内容安排循序渐进，重点突出，实例典型，文字精练。可作为大中专院校及计算机培训机构等相关专业的教材，也可作为 Python 爱好者的自学读本或参考书。

图书在版编目（CIP）数据

Python 程序设计 / 李浪等编著. —— 武汉 ： 华中科技大学出版社，2022.7
ISBN 978-7-5680-8332-4

Ⅰ.①P… Ⅱ.①李… Ⅲ.①软件工具－程序设计 Ⅳ.①TP311.561

中国版本图书馆 CIP 数据核字(2022)第 121937 号

Python 程序设计
Python Chengxu Sheji

李浪　余孝忠　李家瑶　欧雨　唐良文　编著

策划编辑：范　莹
责任编辑：范　莹
封面设计：原色设计
责任监印：周治超
出版发行：华中科技大学出版社(中国·武汉)　　　电话：(027)81321913
　　　　　武汉市东湖新技术开发区华工科技园　　　邮编：430223
录　　排：武汉金睿泰广告有限公司
印　　刷：武汉开心印印刷有限公司
开　　本：787mm × 1092mm　1/16
印　　张：12.75
字　　数：318千字
版　　次：2022 年 7 月第 1 版第 1 次印刷
定　　价：39.80 元

前　言

Python 已经成为当下最流行的计算机编程语言之一。2021 年 10 月至今，Python 力压 C、Java 等传统编译型语言而成为 TIOBE 编程语言排行榜最受欢迎语言。这主要得益于它的超高扩展性，以及能使用 C/C++扩展新功能和数据类型的特性。国外一些知名高校如麻省理工学院"计算机科学及编程导论"课程也使用了 Python 语言进行讲授。在科学研究上，众多开源的科学计算软件包都提供了 Python 的调用接口，例如著名的计算机视觉库 OpenCV、三维可视化库 VTK、医学图像处理库 ITK 等。而且 Python 专用的科学计算扩展库还包括 NumPy、SciPy 和 Matplotlib，它们分别为 Python 提供了快速数组处理、数值运算以及绘图功能。

Python 是一种解释型语言，由荷兰数学和计算机科学研究学会的吉多·范罗苏姆于 20 世纪 90 年代初设计，最初用于编写脚本程序和快速开发应用程序。近年来，随着版本的不断更新和新功能的添加，逐渐用于独立的、大型的项目开发。本书旨在阐述 Python 语言的基础与相关特性，共包含 11 个章节。内容基于 Windows 10 和 Python 3.6 搭建的开发平台，通过大量示例介绍 Python 语言的基础知识，具体包括 Python 语法基础、数据类型、流程控制、函数、类和对象、高级特性、文件处理。最后，对 Python 用于 Web 应用开发和科学计算进行了详细介绍，同时给出图形化界面编程案例。

参加本书编写的有李浪、余孝忠、李家瑶、欧雨和唐良文老师，其中第 1 章、第 2 章由李浪编写，第 3 章、第 4 章由余孝忠编写，第 5 章、第 7 章由李家瑶编写，第 6 章、第 8 章、第 11 章由欧雨编写，第 9 章、第 10 章由唐良文编写。编写期间，参与了讨论和代码调试工作的还有黄莹与李遇缘。全书由李浪和余孝忠统稿和审稿。本书作者都是从事多年 Python 语言教学和科研的教师，在编写本书过程中，结合了多年的教学经验，参考了国内外大量的文献资料。尽管我们再三校对，书中可能还存在错误和不足，恳请专家和广大读者指正和谅解。

  本书可以作为大中专院校相关专业及计算机培训机构的教材，也可作为 Python 爱好者的参考书。同时，我们已整理好书中实例代码并设计好相应的教学课件，有教学需要的老师可以在华中科技大学出版社的网站上下载，也可发邮件向我们索取，我们的联系方式：lilang911@126.com。

作 者

2022 年 4 月

目 录

第 1 章　绪论

Python 是一种解释型、面向对象的计算机编程语言，应用广泛，可用于计算处理、游戏开发、Web 前端开发等领域。本章简述了计算机的特点、组成以及计算机操作系统的概念，接着介绍了 Python 语言的特点与应用，最后介绍了 Python 语言开发环境的搭建。本章将帮助我们认识计算机、了解 Python 语言，熟悉 Python 程序的开发环境，理解 Python 程序的执行过程。

1.1　计算机基础

目前，计算机作为一款便捷的工具已经应用于社会的方方面面，深刻影响着人们的生活、工作与学习。大到学科产业，小到日常生活，都无一不需要计算机。越来越多的科研手段与计算机相结合，使用计算机分析、规划、测试等，从而提高工作效率、简化复杂问题。在日常生活中，人们利用计算机玩游戏、看电影、听歌，开展娱乐生活。因此，了解和掌握计算机的基本原理，学会利用计算机解决问题，已经成为社会的共识，也是对身处信息化时代学生的基本要求。

1.1.1　计算机的特点

计算机作为工业革命的产物，相较于传统的计算工具(算筹、算盘、计算尺等)更为先进，其工作结构和工作理论更为复杂，具备以下特点。

（1）计算处理能力显著，自动化程度高。

计算机处理数据可视为诸多指令按一定次序执行的过程。计算机具备预先存储程序，并让存储的程序自动执行而不需要人工干预的能力，因而自动化程度高。

（2）运算速度快，计算能力强。

计算机内部采用高速电子元器件，其运算速度可以达到每秒几十万次，巨型计算机则可以达到每秒几十亿次或几百亿次。

（3）计算精度高。

计算机的精度取决于机器字长的位数。字长越长，精度越高。计算机对数据处理结果的精确度可以达到十几位、几十位有效数字，在特定需求的影响下，甚至可达到任意精度。

（4）具备强大的存储容量和记忆功能。

计算机存储器具备存储和记忆大量信息的功能。目前的存储容量可达千兆乃至更高的数量级，同时还可以快速准确地存储或读取信息。

（5）具备较强的逻辑判断功能。

除了高精度、高速度的计算能力外，计算机还具备逻辑推理和判断文字、符号、数字等功能。

1.1.2　常用数制及编码

1. 常用数制

（1）二进制数

在计算机中，所有信息必须转换为二进制数后才能由计算机处理、存储和传输。二进制数由 0 和 1 组成，特点是逢二进一。一般我们使用()$_{角标}$ 表示不同进制的数。如十进制数用()$_{10}$ 表示，二进制数用()$_2$ 表示。

（2）十进制数

由十个不同的数码符号（0~9）组成，特点是逢十进一。例如：

$(1011)_{10} \Rightarrow 1\times10^3+0\times10^2+1\times10^1+1\times10^0$

（3）八进制数

由八个不同的数码符号（0~7）组成，特点是逢八进一。例如：

$(1011)_8 \Rightarrow 1\times8^3+0\times8^2+1\times8^1+1\times8^0 \Rightarrow (521)_{10}$

（4）十六进制数

由十六个不同的数码符号（0~9、A~F）组成，特点是逢十六进一。例如：

$(1011)_{16} \Rightarrow 1\times16^3+0\times16^2+1\times16^1+1\times16^0 \Rightarrow (4113)_{10}$

2. 编码

在计算机系统中，有两种重要的字符编码方式：ASCII 码和 EBCDIC 码。EBCDIC 码主要用于 IBM 的大型主机，ASCII 码用于微型机与小型机。

目前，计算机中普遍采用的是 ASCII（American Standard Code for Information Interchange）码，即美国信息交换标准码。ASCII 码有两种版本——7 位版本和 8 位版本。国际通用的为 7 位版本，其 ASCII 码用 7 个二进制位表示，有 128 个元素（$2^7=128$），包括阿拉伯数字 10 个，控制字符 32 个，大小写英文字母 52 个，标点符号和运算符号 34 个。例如，数字 0 的 ASCII 码为 48，大写英文字母 A 的 ASCII 码为 65，空格的 ASCII 码为 32。

1.1.3 进制转换与运算

不同进制的数值信息，必须将其转化为二进制数才能被计算机存储、处理，因而产生了进制数之间的转化问题。

1. 十进制数与二进制数之间的转化

（1）十进制数转化为二进制数。

将被转化的十进制数与 2 进行辗转相除，直至商为 0，所得余数即为此数的二进制形式，也就是"除二取余法"。例如，十进制数 $(42)_{10}$ 转换成二进制数的结果为 $(101010)_2$。

（2）二进制数转化为十进制数。

将二进制数按权展开求和即得其十进制形式。例如，二进制数 $(101010)_2$ 转换成十进制数的结果为 $(42)_{10}$。

2. 八进制数与二进制数之间的转化

（1）八进制数转化为二进制数。

以小数点为界，以左或者右为基准，每一位八进制数用相应的三位二进制数取代，依次连接即可。例如，八进制数 $(1674)_8$ 转换成二进制数的结果为 $(1110111100)_2$。

（2）二进制数转化为八进制数。

将二进制数从小数点开始，整数部分从右向左 3 位一组，小数部分从左向右 3 位一组，不足 3 位用 0 补足。例如，二进制数 $(1110111100)_2$ 转换为八进制数的结果为 $(1674)_8$。

3. 十六进制数与二进制数之间的转化

（1）十六进制数转化为二进制数。

二进制数的 4 位对应于十六进制数的 1 位，以小数点为界，向左或向右将十六进制数替换为对应的二进制数。例如，十六进制数 $(2D5C)_{16}$ 转换为二进制数的结果为 $(10110101011100)_2$。

（2）二进制数转化为十六进制数。

将二进制数从小数点开始，整数部分从右向左 4 位一组，小数部分从左向右 4 位一组，不足 4 位用 0 补足，即得所求十六进制数。例如，二进制数 $(10110101011100)_2$ 转换为十六进制数的结果为 $(2D5C)_{16}$。

1.1.4 计算机系统的组成

计算机系统分为硬件系统和软件系统。硬件系统主要包括计算机的主机和外部设备，软件系统主要包括系统软件和应用软件。计算机硬件是指构成计算机的所有物理部件的集合，通常这些部件由电子元件、机械部件等物理部件组成，也是计算机软件发挥作用、施展技能的平台。计算机软件是指在计算机硬件设备上运行的程序及相关信息。计算机系统的基本组成如图 1-1 所示。

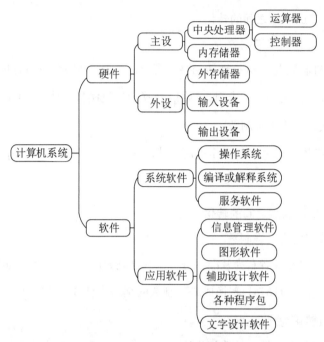

图 1-1　计算机系统的基本组成

1. 计算机的硬件系统

计算机的硬件系统离不开冯·诺依曼体系结构，冯·诺依曼提出了计算机制造的三个基本原则：采用二进制逻辑、执行存储程序以及计算机由五个部分组成（运算器、控制器、存储器、输入设备、输出设备）。计算机硬件系统各部分的关系如图 1-2 所示。

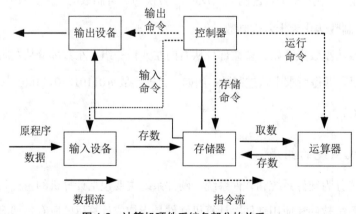

图 1-2　计算机硬件系统各部分的关系

2. 计算机的软件系统

计算机的软件系统是指为了运行、管理和维护计算机所编写的各种程序的集合。软件系统按其功能可分为系统软件和应用软件两大类。软件系统的组成如图 1-3 所示。

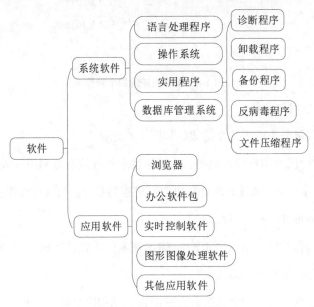

图 1-3 软件系统的组成

1.1.5 操作系统

1. 操作系统的定义与特性

一般来说，操作系统（Operating System，OS）是指控制和管理计算机硬件和软件资源、控制程序运行、改善人机交互界面并为应用软件提供支持的系统软件。操作系统具备以下四个特性，如图 1-4 所示。

（1）并发。并发是指两个或多个事件在同一时间间隔内发生，这些事件宏观上虽然是同时发生的，但在微观上是交替发生的。

（2）共享。操作系统中的资源可供内存中多个并发执行的进程"同时"使用。

（3）虚拟。虚拟是指一个物理上的实体变为若干个逻辑上的对应物，物理实体（前者）是实际存在的，而逻辑上的对应物（后者）是用户感受到的。

（4）异步。在多道程序环境下，允许多个进程并发执行，进程在使用资源时可能需要等待或终止，进程的执行并不是一次完成的，而是以走走停停的形式来推进。

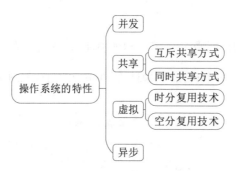

图 1-4　操作系统的四个特性

2. 操作系统的发展与分类

操作系统的发展可分为以下几个阶段，如图 1-5 所示。

（1）手工操作阶段。用户独占全机，人机速度矛盾导致资源利用率较低。

（2）批处理操作系统。批量处理计算机内部进程的系统。批处理操作系统又可分为单道批处理操作系统和多道批处理操作系统。

①单道批处理操作系统：引入脱机输入/输出技术（用磁带完成），并监督程序—操作系统的雏形。负责控制作业的输入、输出。

②多道批处理操作系统：控制多道程序同时运行的程序系统，由系统决定在何时运行哪一个作业。由此，多道批处理操作系统的出现代表着操作系统的正式诞生。

（3）分时操作系统。

分时操作系统是允许多个联机用户使用同一台计算机进行处理的系统，在处理方式上，将时间分割成细小的时间段，一个时间段称为一个时间片，将时间片分发给各个联机作业，操作系统按照作业所提交的时间片轮流提供服务。

（4）实时操作系统。

实时操作系统是指在一定时间期限内完成特定任务的操作系统。实时操作系统又可以分为实施过程控制系统和实时信息处理系统。

（5）其他操作系统。

①网络操作系统。用以实现网络中的各种资源的共享和各计算机之间的通信。

②分布式操作系统。以并行性和分布性著称，任何工作都可以分布在这些计算机上，通过它们并行、协同完成指定任务。

③个人计算机操作系统。

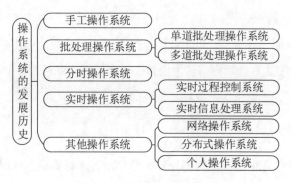

图 1-5 操作系统的发展历程

3. 操作系统的体系结构和运行机制

1）操作系统的体系结构

操作系统的体系结构主要包括整体式结构、模块化结构、层次结构和微内核结构。

（1）整体式结构。早期的操作系统没有真正意义上的"结构"可言，可把整体式结构称为简单结构或无结构。只是一堆过程的集合，过程之间可以互相调用，导致操作系统内部复杂且混乱。

（2）模块化结构。模块化结构是将操作系统按功能划分为若干模块，每一模块实现一个特定功能。模块之间通过预先定义的接口进行通信。操作系统的模块化结构如图 1-6 所示。

（3）层次结构。将所有功能模块按照功能调用次序分为若干层，各层之间只存在单向调用关系。

（4）微内核结构。微内核结构以客户、服务器体系结构为基础，采用面向对象的结构，能有效支持多处理器，适用于分布式系统。

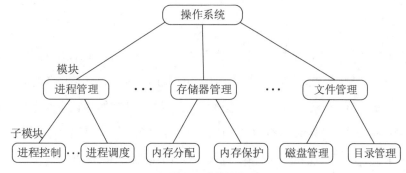

图 1-6 操作系统的模块化结构

2）操作系统的运行机制

在计算机系统中，CPU 通常会执行两种不同性质的程序：一种是用户自己编写或系统外部的应用程序；另一种是操作系统的内核程序。两种程序的作用不同，后者是前者的管控者。操作系统的核心部分在内核态（管态）下运行，其他部分通常在用户态（目态）下运行。相较用户态，内核态可以访问的地方更多，可执行的指令也更多，从而使得用户不能随便更改操作系统，保证了操作系统的稳定性。用户态转为内核态需要通过中断机制，中断机制会使得 CPU 将控制权交还给操作系统，故而操作系统具有最高的优先级。

1.1.6 程序设计语言

编写计算机程序所使用的编程语言即计算机程序语言。计算机程序语言分为硬件语言与软件语言两大类，硬件语言本书不做详细介绍，而软件语言通常分为机器语言、汇编语言和高级语言。计算机程序语言的分类如图 1-7 所示。

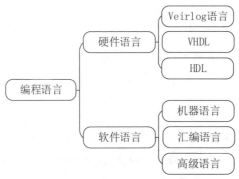

图 1-7　计算机程序语言分类

1. 机器语言

机器语言是被计算机系统所识别、不需编译、直接供机器使用的程序语言。机器语言以二进制代码来表示所执行的任务，可直接被计算机读取，且执行速度最快，但编写难度较高，调试与修改较为繁琐。

2. 汇编语言

汇编语言是一种用于微处理器、微控制器等部件的低级语言。汇编语言使用助记符替代机器指令的操作码，用地址符号或标号代替指令或操作数的地址。每一条指令对应一行机器语言代码，不同类型的计算机一般有不同的汇编语言。汇编语言所编写的程序称为汇编语言程序，机器不能直接识别和执行，需要转换为机器语言程序才可运行。汇编语言程序比机器语言程序易读、易检查和修改，且具备机器语言执行快、占用内存资源小的优点。

3. 高级语言

高级语言是一种独立于机器、面向过程或对象并接近于自然语言和数学表达的程序设计语言。高级语言是一种更为通用的编程语言，语言结构与计算机指令系统和计算机本身的硬件无关。其特点是可读性强，表达功能强大，易于学习与掌握。

1.2　Python 语言简介

Python 语言由吉多·范罗苏姆于 1989 年圣诞节期间所开发，首次公开发行于 1991 年。Python 是一个纯粹的自由软件，源代码和解释器（CPython）都遵循 GNU 通用公共许可证（GNU General Public License，GPL）协议。

Python 是面向对象和面向过程的编程语言，内置类型包括函数、模块、字符串、数字等。它的类支持多态、操作符重载和多重继承等高级面向对象编程（Object-Oriented Programming，OOP）等概念，且 Python 独有的简洁语法和类型使得 OOP 使用起来十分简单。

Python 是一种解释型语言，Python 的标准执行方式是将源代码转换为字节码格式，再通过解释器对字节码进行解释。Python 语言在执行过程中不将代码编译成底层的二进制码，相对于 C 和 C++等编译型语言，Python 语言的运行速度较慢，但其语言的解释性特点使得程序易于编写和调试，提高了程序的开发效率和开发速度。

Python 本身可扩充，提供了丰富的应用程序接口（Application Programming Interface，API）和工具，开发者能使用 C、C++等语言来编写扩充模块。Python 具备强大的基础库，覆盖了正则表达式、多线程、图形用户界面（Graphical User Interface，GUI）等领域。除了内置的库外，Python 还提供了大量可供直接使用的第三方库。

Python 可嵌入性高，可将编写好的 Python 代码嵌入 C、C++等程序中，方便开发者使用。

1.3　Python 的安装

1.3.1　Window 平台安装 Python

1. Python 下载

Python 官方下载网址为 https://www.python.org/downloads/windows/。

2. Python 安装

（1）双击 Python 安装包，添加环境变量。勾选 "Add Python 3.6 to PATH"，然后选择 "Customize installation"，如图 1-8 所示。

图 1-8　添加环境变量

（2）添加 Optional Features。勾选所有选项，点击"Next"按钮，如图 1-9 所示。

图 1-9　添加 Optional Features

（3）继续添加 Advanced Options。勾选"Install for all users"，然后在"Customize install location"中自定义安装路径，再点击"Install"按钮，如图 1-10 所示。

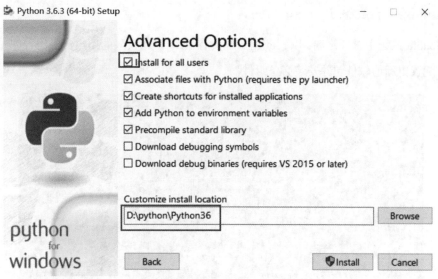

图 1-10　添加 Advanced Options

（4）若出现如图 1-11 所示的界面，则表示 Python 安装成功。

图 1-11　Python 安装成功

（5）以管理员身份打开 Windows 命令提示符（cmd），在 Dos 命令行下输入"python"命令，进入 Python 自带编译器，执行 print 语句。Python 安装成功后，能正常输出"hello"字样，如图 1-12 所示。

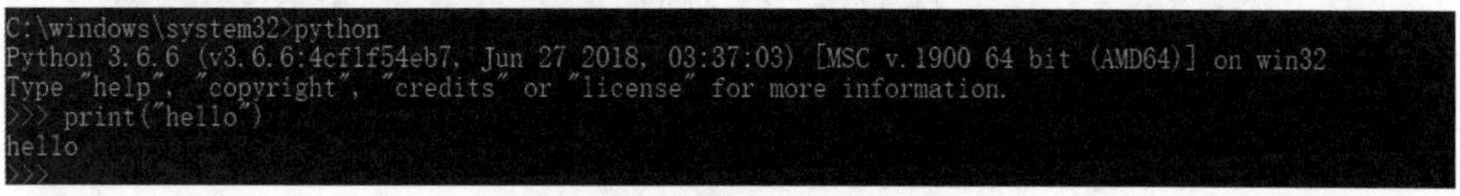

```
C:\windows\system32>python
Python 3.6.6 (v3.6.6:4cf1f54eb7, Jun 27 2018, 03:37:03) [MSC v.1900 64 bit (AMD64)] on win32
Type "help", "copyright", "credits" or "license" for more information.
>>> print("hello")
hello
>>>
```

图 1-12　验证 Python 安装成功

1.3.2　Linux 平台安装 Python

在 Ubuntu 系统中打开终端，以 root 用户或具有 sudo 访问权限的用户身份运行如图 1-13 中的命令，配置更新的软件包并安装必备组件。

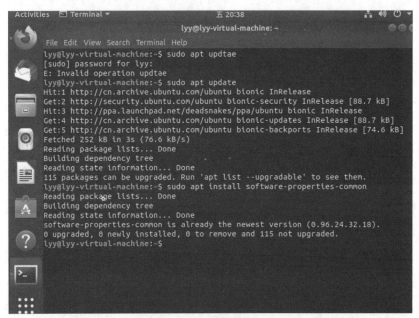

图 1-13　运行命令使 Ubuntu 系统更新 Python 必备组件

运行图 1-14 中的命令，将 Deadsnakes PPA 添加到系统的来源列表中。

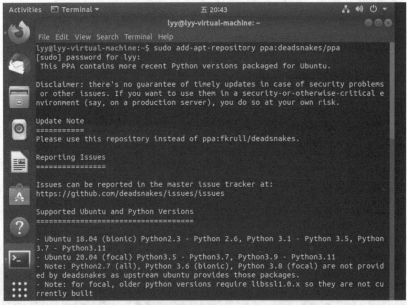

图 1-14　运行命令添加 Deadsnakes PPA 工具

待相关组件安装完毕后。在命令行中输入命令"sudo apt install python3.8",则开始安装Python,如图 1-15 所示。

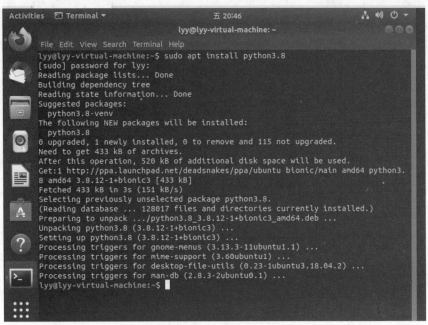

图 1-15 输入命令后的 Python 安装

在命令行中输入如图 1-16 所示的命令,写入简短的 Python 程序,执行 print 命令,进行版本校对与安装成功测试。

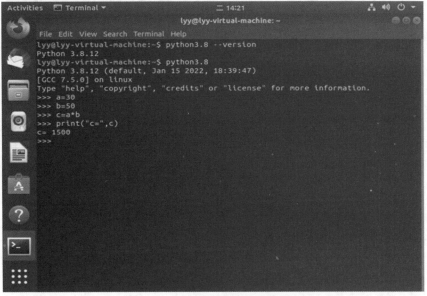

图 1-16 版本校对与安装成功测试

1.3.3　MAC 平台安装 Python

进入 Python 官网下载页面 https://www.python.org/downloads/macos/，找到对应的安装包（见图 1-17）。本书以 MAC 64 位操作系统为例。

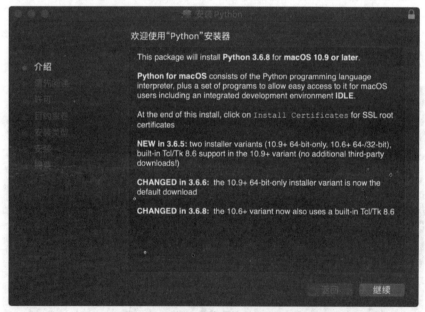

图 1-17　MAC 系统 Python 版本的选择界面

双击打开已下载的后缀为.pkg 的文件进行安装。进入 MAC 系统下的 Python 安装，如图 1-18 所示，点击"继续"按钮即可完成安装。

图 1-18　MAC 系统下的 Python 安装

打开终端(Terminal)，可通过"which python"命令查看 Python 的安装位置，使用"python --version"命令和"python3 --version"命令确认 Python 版本，MAC 系统自带 Python 2.7 的版本，上述为安装 Python 3.6 的版本，如图 1-19 所示。

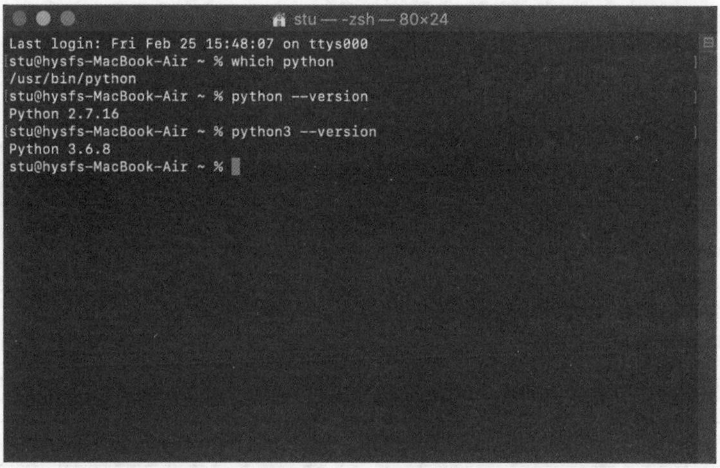

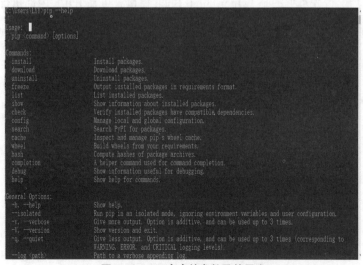

图 1-19　MAC 系统 Python 的安装位置及版本查看

1.4　Pip 的使用

Pip 是官方推荐的通用 Python 包管理工具，提供对 Python 包的查找、下载、安装、卸载的功能。

1.P ip 的安装

Python 2.7.9 及后续版本、Python 3.4 及后续版本已经默认安装了 Pip。若是较早的 Python 版本，则需要自行安装 Pip。

2. Pip 命令及其参数

Pip 命令的使用方法为 pip <command> [options]，Pip 命令的参数及其用法如图 1-20 所示。

图 1-20　Pip 命令的参数及其用法

3. Pip 常用命令

Pip 常用命令如表 1-1 所示。

表 1-1　Pip 常用命令

命令名称	命令格式
包的安装	pip install<包名>
包的卸载	pip uninstall<包名>
查看已安装的包及版本	pip freeze
查看可升级的包	pip list -o
升级 Pip	python -m pip install --upgrade pip
升级指定的包	pip install --upgrade<包名>

1.5　Python IDLE 开发环境

Python IDLE（Integrated Development and Learning Environment）是 Python 的集成开发和学习环境，具备基本的 IDE 的功能。在安装完 Python 后，IDLE 会自动安装。

在"开始"菜单搜索 IDLE 即可启动，初始窗口如图 1-21 所示。

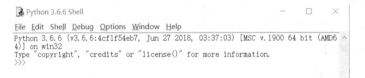

图 1-21　IDLE 启动后的初始窗口

启动 IDLE 后，首先可见的是 Python 3.6.6 Shell 窗口，可在 IDLE 内部执行 Python 命令。另外，IDLE 编辑器可用来编辑 Python 程序或脚本；IDLE 交互式解释器可用来解释执行 Python 语句；IDLE 调试器可用来调试 Python 脚本。点击"File"→"New File"，写入 Python 语句，点击"Run"→"Run Module"，结果如图 1-22 所示。

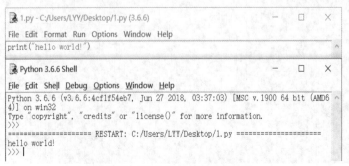

图 1-22　IDLE 工具编程运行结果

　　程序开发过程中，为了减少代码的错误率，以及提高开发效率，Python IDLE 设计了大量的快捷键。打开 IDLE 后，点击"Options"，进入"Configure IDLE"菜单项，在"Keys"这一选项中有许多快捷键的使用方法，如图 1-23 所示。

图 1-23　IDLE 中快捷键的使用方法

1.6　PyCharm 开发环境

　　PyCharm 是一款主流的 Python 集成开发软件，带有一整套帮助用户提高开发效率的工具，如调试、代码跳转、自动完成等。软件主要功能包括代码分析、Python 重构、Django 框架下的 Web 开发、集成版本控制等。

1. PyCharm 的下载及安装

　　进入 https://www.jetbrains.com/pycharm 页面下载 PyCharm，双击软件安装包运行程序后，出现如图 1-24 所示的界面。

图 1-24　PyCharm 安装包初始界面

首先，点击"Next"按钮后进入选择安装路径界面，如图 1-25 所示。PyCharm 占用的内存较多，建议将其安装在 D 盘或者其他盘，不建议放在系统盘。

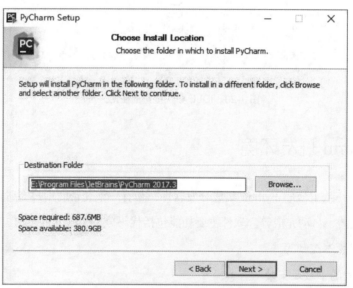

图 1-25　PyCharm 安装路径界面

接着点击"Next"按钮，出现如图 1-26 所示的界面，在"Create Desktop Shortcut"（创建桌面快捷方式）中勾选"64-bit launcher"（需根据自己的计算机决定），勾选"Create Associations"下的".py"（关联文件格式）后，表示后缀名.py 文件会默认用 PyCharm 打开，而后点击"Next"按钮。

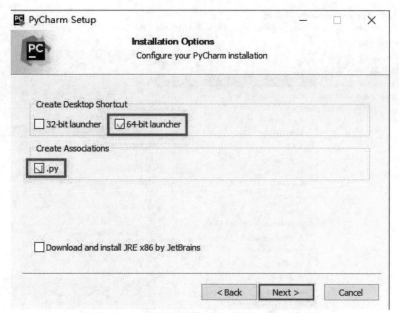

图 1-26　创建桌面快捷方式和关联文件格式界面

最后，默认安装后若出现如图 1-27 所示的界面，则显示安装完成。

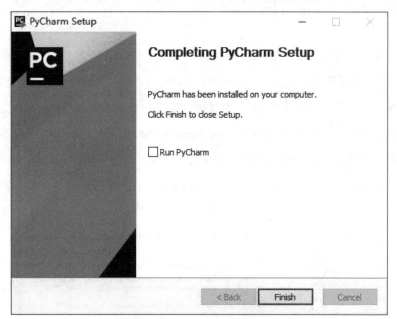

图 1-27　PyCharm 安装完成界面

2. 启动 PyCharm 创建 Python 工程

打开 PyCharm 软件，点击 "Create New Project"，选择 "Pure Python"，"Location" 代表工程建立的位置，用户可自行配置。右击工程名→ "New" → "Python File"，自定义文件名，即可开始编程，如图 1-28 所示。

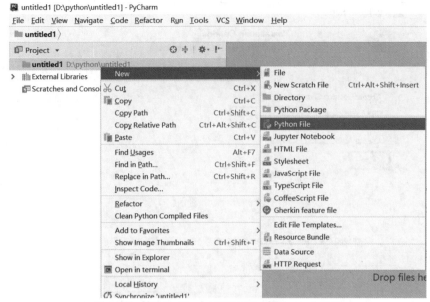

图 1-28　启动 PyCharm 创建工程并添加.py 文件名

1.7　Anaconda 环境管理工具

　　Anaconda 是一个数据分析的标准环境，它附带了一大批数据科学包，包含 conda、Python 在内的 190 多个科学包及其依赖项。Anaconda 是在 conda 的基础上发展而来的，用于管理数据分析包。Anaconda 具备开源、安装过程简单、高性能、使用 Python 语言和免费的社区支持等特点。

　　可通过网址 https://www.anaconda.com/products/individual 下载 Anaconda。下载完成后，鼠标右键以管理员身份运行 Anaconda，自定义安装位置后，点击"Next"按钮。然后选择第二个选项，点击"install"按钮。出现如图 1-29 所示的界面，点击"Finish"，完成安装。

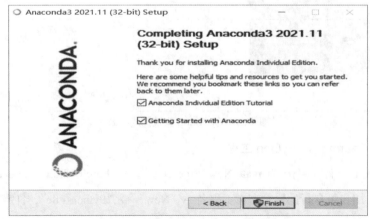

图 1-29　点击"install"按钮后显示界面

验证安装成功的方法有以下两种。

（1）若可以成功启动 Anaconda Navigator，则说明安装成功。

（2）在 Anaconda Prompt 中输入"conda list"，可以查看已经安装的包名和版本号。若结果正常显示，则说明安装成功。

本章小结

Python 的产生建立在计算机基础理论之上，最大限度地契合了计算机的储存特点与运行特点。从程序语言出发，高级程序语言可分为静态语言和脚本语言两类。静态语言采用编译执行的方式，脚本语言则采用解释执行的方式。

Python 应用领域涵盖了 Web 开发、科学运算、工程开发、系统运维等方面。Python 存在 Python2.x 和 Python3.x 两个版本，版本之间并不兼容。安装者可从自身实际出发，安装相应的合适版本。Python 语言是一种解释性、编译性、互动性和面向对象的脚本语言。该语言具备易于学习、易于阅读、易于维护、可移植、可扩展等特点，适合初学者学习。

Python 的 Pip 命令则用来管理 Python 工具包，提供对 Python 包的下载、删除、安装、查找等功能。IDLE 是 Python 解释器内置集成开发工具，具有程序调试、智能提示、语法高亮等功能。Python 中的工程开发与应用有相应的软件 PyCharm，PyCharm 的可视化界面适用于大型工程项目开发。Anaconda 则是一款为了方便使用 Python 进行数据科学研究而建立的一组软件包，涵盖了数据科学领域常见的 Python 库，并且自带专门用来解决软件环境依赖问题的 conda 包管理系统，主要提供包管理与环境管理的功能，可以很方便地解决多版本 Python 并存、切换以及第三方包安装问题。

习题

1-1 请简述 Python 的特点。

1-2 请完成十进制数 543 的二进制转换与十六进制转换。

1-3 请列举 IDLE 编程环境下 4 个快捷键的功能。

1-4 使用 Windows 命令提示符窗口输出"Hello World!"。

1-5 使用记事本编写"Hello World!"程序并进行输出调试。

1-6　使用 Python 解释器计算半径为 2 的圆形面积，其中 pi=3.14。

1-7　使用 PyCharm 编写"hello.py"文件，并输出"Hello World!"。

1-8　使用 IDLE 编写求解 2 的 512 次方的程序。

1-9　使用 Pip 命令更新 Pip 包并安装 Numpy 包以及 Matplotlib 包。

1-10　浏览 Python 官方文档，学会使用 Python 文档及相关的标准模块。

第 2 章　Python 的基本语法

相较于 C、Java 等语言，Python 是较容易学习的一门语言，具有解释性、编译性、互动性等特点，是一门面向对象的脚本语言。Python 从解决问题的设计理念出发，凭借其简单、优美的语法，广泛应用于编程应用中。本章简要概述 Python 的基本语法，后续章节将广泛使用本章的基础知识。

2.1　标识符和变量

2.1.1　标识符和关键字

标识符和关键字是编程语言中被赋予某些意义的数据组合，其中关键字不能被用户当做普通标识符使用。

1. 标识符

Python 语言的标识符，是编写 Python 程序中会用到的某些字符，其使用规则与 C 语言的类似。标识符通常由字母、数字以及其他字符构成。

Python 语言标识符的构成规则包含以下几点。

（1）首字符必须是字母或下划线 "_"，后面的字符可以是字母、数字或下划线 "_"。

（2）标识符区分大小写，意味着标识符 D12 与 d12 具有不同的含义。

2. 关键字

关键字是被 Python 语言使用的标识符，不允许使用者再使用这些标识符。常用关键字及其功能如表 2-1 所示。

表 2-1　常用关键字及其功能

关键字	功　　能
and	用于表达式运算，逻辑与操作
as	创建别名
assert	断言，判断变量或表达式的值是否为真
break	中断整个循环语句的执行

续表

关键字	功　能
class	定义一个类
continue	跳出本次循环，继续执行下一次循环
def	定义函数或方法
del	删除变量或序列中的值
elif	条件语句，与 if 和 else 结合使用
else	条件语句，与 if 和 else 结合使用，异常和循环也可使用
except	捕获异常后的操作代码，与 try 和 finally 结合使用
False	布尔类型，表示假，与 True 相反
finally	出现异常后执行 finally 包含的代码块，与 try、except 结合使用
for	for 循环语句
from	用于导入模块，与 import 结合使用
global	定义全局变量
if	条件语句，与 else 和 elif 结合使用
import	导入模块，与 from 结合使用
in	判断变量是否存在某个序列中
is	判断变量是否为同一个对象
lambda	定义匿名函数
None	表示什么都没有，数据类型为 NoneType
nonlocal	用于标识外部作用域的变量
not	用于表达式运算，逻辑非操作
or	用于表达式运算，逻辑或操作
pass	空的类、函数、方法的占位符
raise	抛出异常
return	函数或方法的返回值
True	布尔类型，表示真，与 False 相反
try	异常语句，与 finally 和 except 结合使用
while	while 循环语句

3. 注释

注释用来解释说明相关代码段的信息，不会影响程序的执行。注释分为单行注释和多行注释。单行注释以"#"开头，多行注释使用三个连续的单引号"'''"或者三个连续的双引号""""。例如：

```
#这是单行注释

'''
这是多行注释
'''
```

4. 行与缩进

行与缩进是 Python 代码编写规范的重要内容。Python 程序依靠缩进操作表示代码的逻辑，缩进结束代表代码块的结束。同一个代码块语句必须包含相同的缩进空格数，一般以 4 个空格作为基本缩进单位。如果一行语句太长，可在行尾使用续行符"\"来表示紧接着的行仍属于当前语句，也可以使用括号来表示多行内容。

2.1.2　常量和变量

1. 常量

常量是计算机内存中固定数值的存储单元，在 Python 程序中常量不改变。常量的使用规范如下。

（1）命名规范：全部大写字母通常为常量，小写字母为变量。

（2）赋值范围：数字、字符串、布尔值、空值。

例如：CONA = 148、CONB = 'Change'、CONC = True 和 False、COND = ' '。

2. 变量

变量是计算机内存中用户命名的存储单元位置，在 Python 程序中，变量的值可以动态改变。Python 程序变量名称的命名规则如下。

（1）首字符只能为字母或下划线（ _ ）。

（2）字符组成：字母、下划线（ _ ）或数字（0~9）。

（3）区分大小写，"Example"和"example"含义不同。

Python 语言对变量赋值使用单引号和双引号的效果相同。任意类型的数据都可以赋值给变量，变量也可以反复赋值。例如：

```
>>> ab = 23        #将整数赋值给变量 ab
>>> k = 'YOU'      #将字符串赋值给变量 k
```

2.2　数字类型

数据需赋予特定的数据类型，计算机才能按照设定对数据进行分类存储。数据类型规定数据在内存中所占空间大小以及存储何种类型。Python 语言支持六种标准数据类型，分别为数字

（number）、字符串（string）、列表（list）、元组（tuple）、集合（set）和字典（dictionary）。其中，Python 的数字类型为整数（int）、浮点数（float）和复数（complex）。

2.2.1 整型

Python 是一种弱类型的编程语言，Python 的整数不分类型，统称为整数类型（int）。Python 中的整数包括正整数、0 和负整数，不带小数点。Python 的整型没有限制大小，可以当做长整数类型（long）使用。也就是说，Python 整数的取值范围是无限的，不管多大或者多小的数字，Python 都能轻松处理。

1. 表现形式

在 Python 中，可以用多种进制表示整数。整数的四种表现形式如下。

（1）十进制：由 0~9 这 10 个数字组成。

（2）二进制：以'0B'或'0b'开头，由 0 和 1 组成。例如：'0b01010110'表示十进制的 86。

（3）八进制：以'0O'或'0o'开头，由 0~7 组成。例如：'0o126'表示十进制的 86。

（4）十六进制：以'0X'或'0x'开头，由 0~9 和 A~F 组成。例如：'0x56'表示十进制的 86。

2. 数字分隔符

在 Python 语言中，为了提高数据的可读性，同时使程序更加美观、简洁，可以使用下划线（_）来作为数字（包括整数和小数）的分隔符。通常以三位为一组添加数字分隔符，该操作不影响数据本身。例如：

```
Exam = 45_218_497_226
Key = 213_997_788
```

3.强制类型转换

int(x)：将 x 转换为一个整数。例如：

```
>>> x = 9.80
>>> int(x)
9
```

2.2.2 浮点数

在 Python 中，用浮点数（float）来表示数字中除整型之外的数据，由整数和小数两部分组成。其中，浮点数也可用科学计数法表示。

1. 浮点数的书写形式

在 Python 中，用小数点分隔整数部分与小数部分，否则会被当做整数处理。

Python 的浮点数指数形式的写法为：aEn 或 aen。其中，a 是尾数部分，为十进制数；n 是指数部分，为十进制整数（包含正负数）；E 或 e 是固定的字符，代表指数形式，用于分割尾数部分和指数部分。整个表达式等价于 $a \times 10^n$。指数形式的小数如：

$1.5E9 = 1.5 \times 10^9$，其中 1.5 是尾数，9 是指数。

$9.8E-3 = 9.8 \times 10^{-3}$，其中 9.8 是尾数，$-3$ 是指数。

$0.8E9 = 0.8 \times 10^9$，其中 0.8 是尾数，9 是指数。

可用 Python 查询变量的数值和数据类型，例如：

```
>>> Sample1=12.5
>>> print("Sample1 Value:",Sample1)
Sample1 Value: 12.5
>>> print("Sample1 Type:", type(Sample1))
Sample1 Type: <class 'float'>
```

2. 强制类型转换

float(x)：将 x 转换为一个整数。例如：

```
>>> toi = 12.3
>>> float(toi)
12.3
>>> too = 12
>>> float(too)
12.0
```

2.2.3　复数

Python 语言支持复数，不依赖标准库或第三方库。复数由实部（real）和虚部（imag）构成，格式为 a + bj（a 是实部，b 是虚部）。a、b 可为 int 和 float 数据。

1. 复数的内建属性

复数的数据属性为实数和虚数部分。复数还有 conjugate()方法，调用它可以返回该复数的共轭复数对象。其中，num.real 用于表示复数的实数部分，num.imag 用于表示复数的虚数部分，num.conjugate()方法返回该复数的共轭算数。

在 Python 中调用复数的代码如下：

```
>>> complex1 = 2.1+1.3j
>>> complex1
(2.1+1.3j)
>>> complex1.real
2.1
>>> complex1.imag
1.3
>>> complex1.conjugate
<built-in method conjugate of complex object at 0x000001433D05F990>
>>> complex1.conjugate()
(2.1-1.3j)
```

2. complex()函数（强制类型转换）

complex()函数用于创建复数或者将一个数或字符串转换为复数形式，其返回值为一个复数。该函数的语法格式为：

$$class\ complex(real,imag)$$

示例代码如下：

```
>>> complex(13,-5)
(13-5j)
>>> complex(11.12,8)
(11.12+8j)
>>> complex('23')
(23+0j)
>>> complex('1+5j')
(1+5j)
>>> complex('1 + 5j') #报错，+号两边不能有空格
```

2.2.4 数学库的使用

Python 提供了很多函数供用户使用，常见的函数包括数字常数、随机数函数以及数学函数等。本节列举部分常用函数，以供参考。

数字常数及其含义如表 2-2 所示。

表 2-2　数学常数及其含义

常　数	含　义
pi	pi（圆周率），常用π表示
e	e 为自然常数

随机数函数及其描述如表 2-3 所示。

表 2-3　随机数函数及其描述

函　数	描　述
choice(seq)	在序列的元素中随机挑选一个元素
random()	随机生成一个数，范围在 0 到 1 之间，不可取到 1
randrange ([start,] stop [,step])	从 start 到 stop 规定范围内，按照 step 递增的集合中选取一个随机数，step 默认值为 1
seed([x])	改变随机数生成器的种子 seed
shuffle(seq)	将序列中的所有元素随机排序
uniform(x, y)	随机生成范围在 x 到 y 的下一个实数，x、y 均可取到

数学函数及其描述如表 2-4 所示。

表 2-4　数字函数及其描述

函　　数	描　　述
abs(x)	返回数字的绝对值，如 abs(−5)返回 5
ceil(x)	返回数字的上入整数，如 math.ceil(3.8)返回 4
exp(x)	返回 e 的 x 次幂(e^x)，如 math.exp(0)返回 1
fabs(x)	返回数字绝对值的浮点数，如 math.fabs(−15)返回 15.0
floor(x)	返回数字的下舍整数，如 math.floor(5.1)返回 5
log(x)	例如 math.log(math.e)返回 1.0，math.log(25,5)返回 5.0
log10(x)	返回以 10 为基数的 x 的对数，如 math.log10(1000)返回 3.0
max(x_0, x_1,...)	返回给定参数的最大值，参数可以为序列
min(x_0, x_1,...)	返回给定参数的最小值，参数可以为序列
modf(x)	返回 x 的整数部分与小数部分，数值符号与 x 相同
pow(x, y)	返回 x**y（x 的 y 次幂）的值
round(x [,n])	返回浮点数 x 的四舍五入值，n 是小数截取位数。如：round(3.1415,3)返回 3.143。
sqrt(x)	返回 x 的平方根的值

2.3　字符串

字符串（string）是由数字、字母和下划线组成的一串字符，它是用于表示文本的数据类型。在程序编写中，字符串是符号或数值的一个连续序列，如符号串或数字串等。字符串是一种在 Python 语言中的常用数据类型。

2.3.1　字符串和转义字符

1. 字符串

字符串是一种不可改变的数据类型，每次针对字符串操作后，返回的都是新字符串。字符串使用引号""""或"" ""来创建，需为其赋值。字符串可以转换成 int 类型，在转换成 int 时，如果字符串中的数字间有空格，则在转换时自动去除。Python 不支持单个字符类型，单字符在 Python 中默认为字符串。

（1）字符串的创建代码如下：

```
>>> StringA = 'hello python world!'
>>> StringA
'hello python world!'
```

（2）访问字符串中的值的代码如下：

```
>>> print('hello python world!')
hello python world!
```

（3）字符串更新的代码如下：

```
>>> print('hello python!'+' hello world!')      #可截取字符串与其他字段拼接
hello python! hello world!
```

2. 字符串运算符

在 Python 中，常见的字符串运算符及其描述如表 2-5 所示。

表 2-5　常见字符串运算符及其描述

操作符	描　述
+	字符串连接
*	重复输出字符串
[]	通过索引获取字符串中的字符
[:]	截取字符串中的一部分，遵循左闭右开原则
in	成员运算符，如果给定字符在该字符串中，则返回 True
not in	成员运算符，如果给定字符不在该字符串中，则返回 Ture

3. 转义字符

在 Python 中，我们使用特殊字符来表示一些功能，例如引号""""或"""""用来创建字符串或者输出内容等。当我们需要在字符串中使用这些特殊字符时，Python 用反斜杠（\）来转义字符。常用的转义字符及其描述如表 2-6 所示。

表 2-6　常用转义字符及其描述

转义字符	描　述
\（行尾）	续行符
\\	反斜杠符号
\'	单引号
\"	双引号
\a	响铃
\b	退格符
\e	转义
\000	空
\n	换行
\r	回车
\f	换页
\v	纵向制表符
\t	横向制表符
\oy	八进制 y 表示字符，如\o12 代表换行
\xy	十六进制 y 表示字符，如\x0a 代表换行

2.3.2　字符串切片

在 Python 中，每个字符串中的字符都有其特定的序号，便于调用。通常而言，Python 中对字符串的字符命名方法有两种，分别为以开始为基准递增的正向序号法和以末尾为基准递减的反向序号法。一般我们使用正向序号法。

1. 索引

在需要使用字符串中的某个或某段字符时，需要用到索引操作，即通过索引取出字符串对应的值。使用索引操作时，返回字符串为索引所对应的值称为返回值，如果索引超出边界，则报错。其语法格式为：

str[下标]

其中：下标为整型数据，使用索引输出对应字符。例如：

```
>>> stra = '12345abcde'
>>> print(stra[0])
1
>>> print(stra[1])
2
>>> print(stra[2])
3
>>> print(stra[8])
d
>>> print(stra[9])
e
>>> print(stra[10])          #报错，索引超出边界
Traceback (most recent call last):
   File "<stdin>", line 1, in <module>
IndexError: string index out of range
```

2. 切片

切片是 Python 语言中的特有方法，用于截取字符串中的某段字符。其语法格式为：

str[start:stop:step]

其中：start 为起始位置，表示从哪个下标开始（包含该字符）；stop 为结束位置，表示到哪个下标结束（不包含该字符）；step 为步长，默认值为 1，并且，当步长为正数时，表示从左到右，当步长为负数时，表示倒序。该语句返回一个由切片选择好的字符串子串。例如：

```
>>> stra = '12345abcde'        #默认步长为1，输出固定长度的字符子串
>>> print(stra[:])             #[]内为空，默认输出字符串所有字符
12345abcde
>>> print(stra[0:4])           #从 0 下标开始输出，到 4 下标结束输出，不包括 4 下标字符
1234
>>> print(stra[5:10])
abcde
>>> print(stra[:8:3])          #设置步长为 3，stra[0]为'1'
14b
```

```
>>> print(stra[::-2])          #设置步长为-2，字符串倒序
eca42
>>> print(stra[-1::-1])        #最右下标设置为-1，设置步长为-1，倒序输出
edcba54321
>>> print(stra[-1:-5:-1])
edcb
```

2.3.3　字符串拼接

字符串是 Python 常用的数据类型之一，本节列举两种最常见字符串的拼接方法。

1. "+"号拼接方法

这种方式是最常用的，也是比较直观、易懂的入门级实现方法。需要注意的是，字符串是一种不可变的数据结构，当对其进行字符串拼接时，在实际的内存中会产生一个新字符串，其内容为原有两个字符串内容的连接。当拼接的最终字符串长度不超过 20 时，用"+"号操作符的方式比后面提到的 join()等方式的拼接速度快得多，这与"+"号的使用次数无关。例如：

```
>>> str1 = 'Hello Python World!'
>>> str2 = 'I Love Python!'
>>> print(str1+str2)
Hello Python World!I Love Python!
>>> print(str1)
Hello Python World!
>>> print(str2)
I Love Python!
```

2. join()拼接方法

字符串对象所自带的 join()方法可以拼接序列参数，这一系列参数需为字符串类型，其他类型需要预先转换成字符串类型。这种方法适用于连接序列对象中（例如列表）的元素，并设置统一的间隔符。当拼接长度超过 20 时，基本采用 join()方法。该方法的缺点是不适合进行零散片段、不处于序列集合的元素拼接。例如：

```
>>> str_list = ['Hello','Python','World']
>>> str_join1 = ' '.join(str_list)
>>> print(str_join1)
Hello Python World
>>> str_join2 = '.'.join(str_list)
>>> print(str_join2)
Hello.Python.World
>>> str_join3 = '+'.join(str_list)
>>> print(str_join3)
Hello+Python+World
```

2.3.4　字符串格式化

1. 基本格式化输出

Python 语言支持字符串的格式化输出，需要使用格式化符号（%），这种格式化输出在实际

应用中非常广泛。例如：

```
>>> print ("I use %s for %d years!" % ('Python', 3))
I use Python for 3 years!
```

格式化符号用于输出不同数据类型的数据，常用的格式化符号及其说明如表 2-7 所示。

表 2-7　常用的格式化符号及其说明

格式化符号	说　　明
%c	转换成字符（ASCII 码值或长度为 1 的字符串）
%s	格式化字符串
%d	格式化整数
%u	格式化无符号整型
%o	格式化无符号八进制数
%e/%E	转换成科学计数法（e/E 控制输出 e/E）
%f/%F	转换成浮点数（小数部分自然截断）
%g/%G	%e 和%f/%E 和%F 的简写
%%	输出%（格式化字符串包括百分号，必须使用%%）
%x/%X	转换成无符号十六进制数（x/X 代表转换后的十六进制字符的大小写）

2. f-string

f-string 是 Python 3.6 之后版本添加的，称为字面量格式化字符串，是一种新的格式化字符串的语法。在先前提到的格式化输出方式中，我们使用格式化符号（%）来输出数据。其中，需要 "%" 号与不同的字符搭配来输出不同数据类型的数据。

f-string 格式化字符串与格式化符号（%）不同，只需要将 f 作为开头，后面跟着字符串，字符串中的表达式用大括号{}包起来即可。使用大括号，它会将变量或表达式计算后的值替换进去。示例代码如下：

```
>>> choose = 'Python'      #使用 f-string 方法输出
>>> f'Hello {choose}!'
'Hello Python!'
>>> f'{5*1+2}'             #该方法也可输出一序列数据中的特定数据
'7'
>>> conbine = {'choose':'Python','cause':'Love'}
>>> f'{conbine["choose"]}+{conbine["cause"]}'    #[]需要用双引号（""）,否则报错
'Python+Love'
>>> f'{conbine['choose']}+{conbine['cause']}'
```

3. format()

与基本格式化输出 "%" 相比，format()是一种功能更强大的格式化输出方法。该方法是把字符串当成模板，传入参数进行格式化操作。使用大括号（{}）表示输出的字符。该方法的使

用规则如下所示。

（1）按照位置顺序输出。

（2）按照数字编号输出，可乱序。

（3）按照指定关键字输出对应数据。

```
>>> print('{}+{}+{}'.format('Hello','Python','World!'))          # 不带字段
Hello+Python+World!
>>> print('{1}+{0}+{2}'.format('Hello','Python','World!'))       # 带数字编号
Python+Hello+World!
>>> print('{b}+{m}+{e}'.format(b='Hello',m='Python',e='World!')) # 带关键字
Hello+Python+World!
```

2.3.5　字符串常用方法

Python 为字符串提供了许多的内建函数，表 2-8 中列举了常用的字符串内建函数。

表 2-8　常用字符串内建函数使用方法及其说明

方　法	说　明
capitalize()	将字符串的首字符转换为大写，其他字母小写
center(width, fillchar=None)	返回指定宽度 width 的居中字符串，长度为 width，fillchar 为填充的字符（默认为空格）
isalnum()	如果字符串存在字符且所有字符都是字母或数字，则返回 True，否则返回 False
isalpha()	如果字符串存在字符且所有字符为字母或中文字，则返回 True，否则返回 False
isdigit()	如果字符串只包含数字，则返回 True，否则返回 False
islower()	如果字符串中存在区分大小写的字符且所有字符都是小写，则返回 True，否则返回 False
isnumeric()	如果字符串只含数字字符，则返回 True，否则返回 False
isspace()	如果字符串只包含空白，则返回 True，否则返回 False
istitle()	如果字符串首字母大写且其余字母小写，则返回 True，否则返回 False
isupper()	如果字符串存在区分大小写的字符且所有字符都是大写，则返回 True，否则返回 False
join(seq)	用于指定字符串作为分隔符，将 seq 中所有的元素合并为一个新的字符串
len(string)	返回字符串长度
lower()	转换字符串所有大写字符为小写
lstrip()	截掉字符串左边的空格或指定字符

方　法	说　明
max(str)	返回字符串 str 中最大的字母
min(str)	返回字符串 str 中最小的字母
rjust(width[,fillchar])	返回一个原字符串右对齐，并使用 fillchar（默认空格）填充至长度 width 的新字符串

2.4　布尔值和空值

1. 布尔值

Python 中的布尔值是整数类型的子类，只有 False 和 True 两个布尔值（首字母须大写）。其中，False 表示条件错误，0、空字符串和 None 通常视为 False。1 和其他数字以及非空字符串视为 True，布尔类型所涉及的相关运算如下。

（1）与运算。

当且仅当所有布尔值为 True 时，计算结果为 True。例如：

```
>>> print(True and True)
True
>>> print(True and False)
False
>>> print(False and False)
False
>>> print(False and True)
False
```

（2）或运算。

当有一个布尔值为 True 时，计算结果为 True。例如：

```
>>> print(False or True)
True
>>> print(False or False)
False
>>> print(True or False)
True
>>> print(True or True)
True
```

（3）非运算。

转换布尔值结果，将 True 变成 False，将 False 变成 True。例如：

```
>>> print(not True)
False
>>> print(not False)
True
```

（4）与非布尔类型进行与、或、非运算。例如：

```
>>> a = True
>>> print (a and 'a=T' or 'a=F')
a=T
>>> print (a and 'a=T')
a=T
>>> print (a or 'a=F')
True
>>> print (a and 'a=F')
a=F
```

2. 空值

空值（None）是一个特殊常量（首字母须大写），表示没有值或空值。空值不代表空对象，也就是说，None 与""、[]不同。其对应的数据类型描述如下：

```
>>> type("")
<class 'str'>
>>> type([])
<class 'list'>
>>> type(None)
<class 'NoneType'>
```

可见，None 属于 NoneType 数据类型，也是该类型的唯一值，不可更改。如果希望变量中存储的东西不与其他值混淆，就可以使用 None。除此之外，None 常用于 assert、判断以及函数无返回值的情况。

2.5 运算符与表达式

运算符是一类用于逻辑运算、算术运算、赋值等操作的特殊符号。表达式则是由运算符和操作数组成的，可以将不同类型的数据按照一定的运算规则连接起来。

2.5.1 运算符

Python 运算符包括算术运算符、赋值运算符、比较运算符、逻辑运算符和位运算符。

1. 算术运算符

算术运算符用于处理四则运算的符号，在数值的处理中应用最多。常用的算术运算符及其说明如表 2-9 所示。

表 2-9 常用的算术运算符及其说明

运算符	说 明
+	加
—	减
*	乘
/	除
%	求余（返回除法的余数）
//	取整（返回商的整数）
**	幂

2. 赋值运算符

赋值运算符用于为变量等赋值。常用的赋值运算符及其说明如表 2-10 所示。

表 2-10 常用的赋值运算符及其说明

运算符	说 明	举 例
=	普通的赋值运算	x=y
+=	加赋值	x+=y
-=	减赋值	x-=y
*=	乘赋值	x*=y
/=	除赋值	x/=y
%=	取余数赋值	x%=y
**=	幂赋值	x**=y
//=	整除赋值	x//=y

3. 比较运算符

比较运算符也称关系运算符，用于对变量或表达式的结果进行大小比较、真假比较等。若结果为真，则返回 True；若结果为假，则返回 False。常用的比较运算符及其说明如表 2-11 所示。

表 2-11 常用的比较运算符及其说明

运算符	作用	举例	结果
>	大于	'e'>'f'	False
<	小于	235<569	True
==	等于	'd'=='d'	True
!=	不等于	'p'!='d'	True
>=	大于等于	8>=9	False
<=	小于等于	5<=8954	True

4. 逻辑运算符

逻辑运算符用于对真（True）和假（False）两种布尔值进行运算，结果类型仍为布尔值。常用的逻辑运算符及其说明如表 2-12 所示。

表 2-12　常用的逻辑运算符及其说明

运算符	含义	用法
and	逻辑与	x and y
or	逻辑或	x or y
not	逻辑非	not x

5. 位运算符

位运算符用于按顺位执行二进制数等相关操作。常用的位运算符及其说明如表 2-13 所示。

表 2-13　常用的位运算符及其说明

运算符	运算法则
"按位与"运算'&'	两个操作数的二进制表示，对应比特同为 1 时，结果位为 1，否则为 0。如果操作数的精度不同，则结果的精度与精度高的操作数一致
"按位或"运算'|'	两个操作数的二进制表示，对应比特同为 0 时，结果位为 0，否则为 1。如果操作数的精度相同，则结果的精度与精度高的操作数一致
"按位异或"运算'^'	当两个操作数的二进制表示相同（同为 0 或者同为 1）时，结果为 0，否则结果为 1。如果两个操作数的精度不同，则结果的精度与精度高的操作数一致
"按位取反"运算'~'	将操作数对应二进制中的 1 改为 0，0 改为 1
左移位移运算符'<<'	用于指定一个二进制操作数向左移动的位数，左边溢出的位被丢弃，右边的空位用 0 补充。左移运算符相当于乘以 2 的 n 次方
右移位移运算符'>>'	用于指定一个二进制操作数向右移动的位数，右边溢出的位被丢弃，左边的空位用 0 补充。左移运算符相当于除以 2 的 n 次方

6. 运算符优先级

运算符优先级是指含有多运算符表达式需要规定运算符的优先级，以确定最终结果。运算符的优先级排序说明如表 2-14 所示。

表 2-14　运算符优先级排序说明

类　型	说　明	优先级
**	幂	1
~、+、-	取反、正号、负号	2

续表

类　　型	说　　明	优先级
*、/、%、//	算术运算符	3
+、-	算术运算符	4
<<、>>	位移运算符的左移、右移	5
&	位移运算符的按位与	6
^	位移运算符的按位异或	7
|	位移运算符的按位或	8
<、<=、>、>=、!=、==	比较运算符	9

2.5.2　表达式

Python 语言注重可读性，强调代码的简单与优美。书写表达式时，也需要遵循 Python 特有的格式特点。编写程序时，需要注意表达式中的运算符，运算符的优先级混淆可能导致表达式的语义错误。在运算符左右放置一个空格，这样使代码更可读。例如：

```
>>> x1 = 5
>>> x2 = 8
>>> x3 = 1
>>> y1 = x1 + x2 * 3 - x3
>>> print("y1 =", y1)
y1 = 28
```

2.6　输入/输出及格式化

2.6.1　输入函数

在 Python 中，input()函数接收一个标准输入数据，返回类型为 string。该函数接收任意数据，默认情况下将数据当做字符串处理。函数语法格式为：

input([prompt])

其中：prompt 表示参数。示例代码如下：

```
>>> key = input()       #输入为整数，input()函数将其视为字符串类型
156
>>> type(key)
<class 'str'>
>>> key = input()       #输入字符串表达式
python
>>> type(key)
<class 'str'>
```

2.6.2 输出函数

Python 语言使用 print() 函数来输出程序中的值。例如：

```
>>> print("Python")               #输出字符串
Python
>>> print(154)                    #输出变量
154
>>> str = 'Python'                #输出常量
>>> print(str)
Python
>>> Key = [1,6,'f']               #输出列表
>>> print(Key)
[1, 6, 'f']
>>> Ke = (1,6,'f')                #输出元组
>>> print(Ke)
(1, 6, 'f')
>>> dic = {'a':23, 'b':55}        #输出字典
>>> print(dic)
{'a': 23, 'b': 55}
```

2.6.3 格式化输出

1. 格式化输出字符串

Python 支持参数格式化。例如，使用三种字符串格式化方法输出以下代码：

```
>>> print ("I use %s for %d years!" % ('Python', 3))  #基本格式化输出方法（%）
I use Python for 3 years!
>>> print('I use {} for {} years'.format('Python',3)) #使用 format() 方法输出
I use Python for 3 years
>>> a = 'Python'                                        #使用 f-string 方法输出
>>> b = 3
>>> f'I love {a} for {b} years!'
'I love Python for 3 years!'
```

2. 格式化输出十六进制、十进制、八进制整数

在 Python 中使用不同的格式化符号来表示不同的进制，%x 表示十六进制、%d 表示十进制、%o 表示八进制。例如：

```
>>> key = 0xef
>>> print("十六进制为: %x" %(key))
十六进制为: ef
>>> print("十进制为: %d" %(key))
十进制为: 239
>>> print("八进制为: %o" %(key))
八进制为: 357
```

3. 格式化输出浮点数

Python 能够格式化输出浮点数，控制浮点数的字段宽度、精度，以及实现浮点数左对齐、

显示正负号等功能。例如：

```
>>> pi = 3.141592653
>>> print('%10.5f'%pi)          #定义字段宽度为10，精度为5
   3.14159
>>> print("pi = %.*f" % (5,pi)) #用*从元组中读取字段宽度以及精度
pi = 3.14159
>>> print('%010.5f'%pi)         #用 0 填充空白
0003.14159
>>> print('%-10.5f'%pi)         #左对齐
3.14159
>>> print('%+f'%pi)             #显示正负号
+3.141593
```

4. print()输出不换行

print()函数默认输出是换行的，显示结果若不换行，则需要在变量末尾加上 end=""，代码
如下：

```
>>>a = "compute"
>>>b = "code"
>>>print(a)                     #换行输出
Compute
>>>print(b)
code
>>>print(a, end=" " )           #不换行输出
Compute
>>>print(b, end=" " )
code
```

本章小结

本章系统介绍了 Python 的基本语法。首先介绍了标识符和变量的命名规则（注意常量和变量在内存中所占位置的区别）；其次阐述了不同的数字类型，即整数、浮点数和复数的表现形式，以及如何对数据进行强制类型转换；再次描述了字符串类型定义，以及字符串切片、拼接和格式化等操作，应熟练掌握字符串的用法；最后介绍了运算符、表达式用法以及如何输入/输出各类型的数据内容。

习题

2-1　简述 Python 标识符的构成规则。

2-2　简述常量与变量的概念以及区别。

2-3　简述空值概念。

2-4　十六进制数"0xED"转换成二进制数、八进制数以及十进制数，要求写出具体的过程。

2-5　试写出下列字符串操作的结果：

（1）str1 = 'Python World'

```
print(str1[:])
print(str1[5:8])
print(str1*3)
print(str1[::2])
```

（2）new = 'SHELDON'

```
print(new.capitalize())
print(new.count('e'))
print(new.lower())
print(max(new))
print(min(new))
```

2-6　编写一个进制转换的程序，判断输入是否符合选择的进制要求，并输出结果。

2-7　编写函数实现 IP 地址的十进制数和二进制数的转换表示。例如 192.128.1.0 转换为 11000000.10000000.00000001.00000000。

2-8　使用 Python 进行数据交换，例如将 a 的值和 b 的值互相转换。

2-9　举例布尔值为 Ture 的常见值。

2-10　编写函数实现浮点数取整。

第 3 章　高级数据类型

本章主要介绍 Python 高级数据类型，包括列表、元组、字典、集合这四种常用的数据类型。通过大量示例介绍列表、元组、字典和集合的用法，为后续进一步学习其他章节的知识打下基础。

3.1　列表

列表（list）是一种有序的集合，由一组按特定顺序排列的元素组成。在 Python 中，用方括号（[ ]）表示列表，并用逗号分隔其中的元素。方括号内可以是整型、字符串型以及布尔型等数据，也可以为列表创建的任意元素，包含列表、元组、字典、集合等其他自定义类型的对象，同一列表中的元素类型可以不同。例如：

```
>>> [1,2,3,4]
>>> ['a','b','c','d']
>>> ['apple',2,3.0,[4,5]]
>>> [['a',1],['b',2]]
```

以上均为合法的列表对象。

3.1.1　列表的创建与删除

列表的创建可以使用 "="，表示将一个列表常量赋值给变量，从而创建列表对象，也可以创建空列表，例如：

```
# 定义一个变量a，它是 list 类型，并且是空的，即创建空列表
>>> a = [ ]
# 定义一个变量 fruits，它是 list 类型，包含三个元素
>>> fruits = ['apple','banana','cherry']
```

另外，可利用 list()函数将其他类型的数据转换为列表，例如：

```
>>> a = list((1,2,3))                    # 将元组转换为列表
>>> print(a)
[1,2,3]
>>> print(list(range(1,10,2)))           # 将 range 对象转换为列表
[1,3,5,7,9]
```

```
>>> print(list('hello world')          # 将字符串类型转换为列表
['hello world']
>>> a = list( )                         # 用 list()函数创建空列表
```

当不需要使用列表时，可以使用 del 语句删除，这不仅会删除列表名称本身，还会删除对象的引用，例如：

```
>>> del fruits
```

3.1.2 增加列表元素

在实际应用中，用户经常需要对列表元素进行动态增加操作，下面介绍五种为列表增加元素的方法。细心的读者会发现，有很多操作方法的功能类似，本节及后续章节将通过大量实例来说明各种方法的用法，请读者注意某些方法之间的区别和使用事项。

1. 使用"+"运算符

严格来讲，该方法不是真正为列表添加元素，而是创建一个新列表，同时将原列表中的元素和新元素依次复制到新列表的内存空间，由于该方法涉及大量元素的复制，操作速度慢，在添加大量元素时不建议采用该方法。例如：

```
>>> fruits = ['apple','banana','cherry']
>>> fruits = fruits + ['durian']
>>> print(fruits)
['apple','banana',' cherry','durian']
```

2. 使用 append()方法

该方法是列表对象常用的方法之一，作用是将元素添加至列表尾部，是在原列表的基础上进行修改，不影响列表中的其他元素，速度较快，是推荐使用的方法。例如：

```
>>> fruits.append('grape')
>>> print(fruits)
['apple','banana',' cherry','durian','grape']
```

需要注意的是，Python 通常基于值来自动管理内存，当为某个对象修改值的时候，是让变量指向新的值，而不是直接修改变量的值，这一点对所有类型的变量都一样，可以使用 id()函数来获取对象的内存地址。代码如下：

```
>>> fruits = ['apple','banana','cherry']
>>>print(id(fruits))
1273977478336
>>> fruits = ['apple','banana','cherry','grape']
>>> print(id(fruits))              # 地址发生变化
1273977527104
```

3. 使用 extend()方法

该方法可以同时将多个值附加到列表末尾，也可以将另一个可迭代对象中的所有元素添加至列表尾部。extend()方法属于在原列表的基础上操作，其基本语法格式为：

列表名.extend(obj)

其中：obj 表示列表元素，可以是列表、元组、集合、字典。若为字典，则仅会将键（key）作为元素依次添加到原列表末尾。extend()方法没有返回值，但会在已有列表中添加新的列表项。

使用 extend()方法对上面的 fruits 列表继续执行以下操作：

```
>>> fruits.extend(['lemon','orange'])
>>> print(fruits)
['apple','banana','cherry','durian','grape','lemon','orange']
>>> fruits.extend(('peach','pear'))
>>> print(fruits)
['apple','banana','cherry','durian','grape','lemon','orange,'peach','pear']
```

或者将某个列表的所有元素添加至另一个列表的对象尾部，例如：

```
>>>a = [1,2,3]
>>>b = [4,5,6]
>>>a.extend(b)
>>>print(a)
[1,2,3,4,5,6]
```

4. 使用 insert()方法

该方法同样属于在原列表的基础上操作，可以在列表任意位置处插入新元素，相当于将元素添加到列表的指定位置。其语法格式为：

列表名.insert(index,obj)

其中：obj 表示要插入列表中的元素；index 表示该 obj 元素需要插入的索引位置。insert()方法没有返回值，仅在列表指定位置插入元素。

对 fruits 列表进行以下操作：

```
>>> fruits = ['apple','banana','cherry','durian','grape','lemon','orange']
>>> fruits.insert(2,'blueberry')          # 在指定位置插入元素
>>> print(fruits)
['apple','banana','blueberry','cherry','durian','grape','lemon','orange']
```

需要注意的是，使用 insert()方法插入元素后会涉及其他元素的移动，也会导致列表元素下标发生变化，对列表处理速度有一定影响。因此，在实际编程中，应根据需求来合理使用 insert()方法，尽量避免对某列表进行反复的中间位置插入元素操作。

5. 使用乘法

通过乘法来扩展列表，将列表与某个整型实数相乘，可得到一个新列表。新列表中的元素是原列表的重复，例如：

```
>>> a = [1,2,3]
>>> print(a*2)
[1,2,3,1,2,3]
```

注意，当我们用*运算符对含有列表的列表进行操作时，首先要明确创建了一个新列表，但并不是创建元素值的复制，而是创建对已有元素的引用。例如：

```
>>> word = [['hello']*2]*3
>>> print(word)
[['hello','hello'],['hello','hello'],['hello','hello']]
>>> word [1][1] = 'world'
>>> print(word)
[['hello','world'],['hello','world'],['hello','world']]
```

3.1.3 删除列表元素

对列表进行操作时，经常也要将某些元素从当前列表中删除，可以根据位置和值来删除列表中的元素，下面介绍三种为列表删除元素的方法。

1. 使用 del 命令

当用户知道要删除的元素在列表中的位置时，可以使用 del 命令来删除列表中指定的元素。例如：

```
>>> fruits = ['apple','banana','cherry','durian','grape','lemon','orange']
>>> del fruits[3]
>>> print(fruits)
['apple','banana','cherry','grape','lemon','orange']
```

当元素从该列表中删除后，用户无法再访问到该元素。

2. 使用 pop()方法

若用户将元素从列表中删除后，仍想使用该元素的值，这时可以考虑使用 pop()方法。pop()方法用于删除列表末尾的元素，并且返回该元素的值，其基本语法格式为：

列表名.pop([index=-1])

其中：index 为可选参数，默认值为−1，表示删除最后一个列表值。当用户要删除列表元素的索引值时，不能超过列表的总长度。

使用 pop()方法对 fruits 列表弹出列表值，例如：

```
>>> fruits = ['apple','banana','cherry','durian','grape','lemon','orange']
>>> popped_fruit = fruits.pop()
>>> print(fruits)
['apple','banana','cherry','durian','grape','lemon']
>>> print(popped_fruit)
orange
```

从上述实例可看到，使用 pop()方法从 fruits 列表中弹出一个值，将其赋值给 popped_fruit 变量，然后打印 fruits 列表，可见末尾删除了一个值，最后打印弹出的值，可见仍能访问到被删除的值。

实际上，pop()方法也可用于删除列表中任意位置的元素，但需要给出列表元素的索引值。

例如：

```
>>> fruits = ['apple','banana','cherry','durian','grape','lemon','orange']
>>> first_one = fruits.pop(0)
>>> print(first_one)
apple
```

需要注意的是，当使用了 pop()方法后，被弹出的元素就不在原列表中了。

3. 使用 remove()方法

当用户只知道要删除的元素值，而不知道该值所处的位置时，可用 remove()方法来操作。remove()方法的基本语法格式为：

列表名.remove(obj)

其中：obj 表示要从列表中删除的对象。remove()方法不含返回值，会将列表中某个值的第一个匹配项移除。例如：

```
>>> fruits = ['apple','banana','cherry','durian','grape','lemon','orange']
>>> print(fruits)
['apple','banana','cherry','durian','grape','lemon','orange']
>>> fruits.remove('lemon')    # 从列表中删除'lemon'元素
>>> print(fruits)
['apple','banana','cherry','durian','grape','orange']
>>> fruits.remove('pear')     # 从列表中删除'pear'元素
>>> print(fruits)
Traceback (most recent call last):
  File "<stdin>",line 1,in <module>
ValueError:list.remove(x):x not in list
```

需要注意的是，remove()方法只删除先出现的指定的值，若列表中不存在要删除的元素，则出现运行时错误；若要删除的元素在列表中出现多次，则可以使用循环来确保将每个元素都删除。例如：

```
>>> fruits = ['apple','banana','cherry','cherry']
>>> while 'cherry'in fruits:
...     fruits.remove('cherry')
>>> print(fruits)
['apple','banana']
```

3.1.4　列表元素的访问与计数

由于列表是有序的集合，当要访问列表中的任意元素时，需要将该元素的位置指定，这里的位置可以称为索引。因此，访问列表元素，先指出列表名称，再指出该元素的索引即可。需要注意的是，Python 中第一个列表元素的索引为 0，第二个列表元素的索引为 1，这是大多数编程语言的规定。此外，Python 为列表中最后一个元素的访问提供了特殊语法，通过将最后一个元素的索引指定为−1，可让 Python 返回最后一个列表元素。当使用负数索引时，计数方式将从右（最后一个元素）开始往左数，所以−1 是最后一个元素的位置。当指定索引不存在时，则会出现运行时错误提示越界。例如：

```
>>> fruits = ['apple','banana','cherry','durian','grape','lemon','orange']
>>> print(fruits[2])
cherry
>>> print(fruits[-1])
orange
>>> print(fruits[7])
Traceback (most recent call last):
    File "<stdin>",line 1,in <module>
IndexError:list index out of range
```

同时，也可使用 index()方法来获取某个元素首次出现的索引，其基本语法格式为：

列表名.index(obj[,start[,end]])

其中：obj 为查找的对象；start 和 end 为可选值，分别表示查找的起始位置和结束位置，用于指定搜索范围，start 的默认值为 0，end 默认为列表长度。index()方法返回查找对象的索引位置，若没有找到指定元素，则抛出异常提示错误。例如：

```
>>> fruits = ['apple','banana','cherry','durian','grape','lemon','orange']
>>> print('apple 的索引为',fruits.index('apple'))
apple 的索引为 0
>>> print(fruits.index('pear'))
ValueError:'pear' is not in list
```

最后，当需要统计某个列表中指定元素出现的次数时，可用 count()方法来计数，其基本语法格式为：

列表名.count(obj)

其中：obj 为列表中统计的对象。count()方法返回元素在列表中出现的次数。例如：

```
>>> fruits = ['apple','banana','cherry','cherry']
>>> print(fruits.count('cherry'))
2
>>> print(fruits.count('orange'))
0
```

3.1.5 列表的切片

第 2 章对字符串的切片操作已有详细介绍，本节以列表为例，继续深入讲解。切片是 Python 对有序序列的重要操作，不仅适用于字符串、列表，对元组、range 对象等类型同样有着广泛的运用。切片作用于列表时，可以完成原地修改列表内容，对列表元素进行增、删、改、查及替换等操作，并且不会影响到列表对象在内存中的起始地址，而对元组和字符串的切片，只能用来读取其中部分元素。

切片使用两个冒号和三个参数，形式为[start:stop:step]，第一个参数 start 表示开始位置，默认为 0；第二个参数 stop 表示截止位置，默认为列表长度；第三个参数 step 表示切片步长，默认为 1。当不给出步长时，可以省略最后一个冒号。例如：

```
>>> fruits = ['apple','banana','cherry','pear','orange','grape','peach']
>>> print(fruits [::])
['apple','banana','cherry','pear','orange','grape','peach']
>>> print(fruits [::-1])              # 步长为-1，表示从右往左切
['peach','grape','orange','pear','cherry','banana','apple']
>>> print(fruits [::2])               # 步长为 2，表示隔一个元素取值
['apple','cherry','orange','peach']
>>> print(fruits [1::2])              # 从下标为 1 的位置开始每隔一个元素取值
['banana','pear','grape']
>>> print(fruits [3:6:1])
['pear','orange','grape']
```

切片操作可以对列表中的任何部分进行截取，从而得到一个新列表。另外，也可对列表元素进行修改和删除，以及增加列表元素。例如：

```
>>> fruits = ['apple','banana','cherry','pear','orange','grape','peach']
>>> print(fruits[len(fruits):])
[]
>>> fruits[len(fruits):] = ['mango']             # 在列表尾部添加元素
>>> print(fruits)
['apple','banana','cherry','pear','orange','grape','peach','mango']
>>> fruits[:2] = ['durian','lemon']              # 替换前 2 个元素
>>> print(fruits)
['durian','lemon','cherry','pear','orange','grape','peach','mango']
>>> fruits[:3] = []                              # 删除前 3 个元素
>>> print(fruits)
['pear','orange','grape','peach','mango']
```

3.1.6　列表的排序

大多数情况下，创建的列表中，元素排列顺序通常是无序的，但用户经常要用特定的顺序组织列表以呈现信息。有时需要保留列表元素最初的排列顺序，有时又要调整排列顺序。接下来介绍三种对列表进行排序的方法。

1. 使用 sort()方法

sort()方法是 Python 列表对象最常使用的排序方法，通过对原列表进行修改，使列表元素按顺序排列，没有返回值，仅对列表的元素进行就地排序。sort()方法的基本语法格式为：

列表名.sort(key=None,reverse=False)

其中：key 和 reverse 为可选参数，通常按名称指定，故也称关键字参数。key 是用于进行比较的元素，只有一个参数，具体的函数参数就取自可迭代对象中，指定可迭代对象中的一个元素来进行排序，比如可以指定长度来对元素进行排序。reverse 表示排序规则，规定是否要按相反的顺序对列表进行排序，默认为 False 时按升序排序，默认为 True 时按降序排序。例如：

```
>>> fruits = ['apple','banana','pear','orange','cherry']
>>> fruits.sort()                    # 按升序排序
>>> print(fruits)
['apple','banana','cherry','orange','pear']
>>> fruits.sort(reverse = True)      # 按降序排序
>>> print(fruits)
['pear','orange','cherry','banana','apple']
>>> fruits = ['apple','banana','pear']
>>> fruits.sort(key = len)           # 按指定长度对元素进行排序
>>> print(fruits)
['pear','apple','banana']
```

需要注意的是，sort()方法对元素的排序是永久的，当使用 sort()方法排序后，再也无法恢复到原列表顺序。

2. 使用内置函数 sorted()

当用户要保留列表元素原有的排列顺序，并以特定的顺序呈现时，可使用 Python 内置函数 sorted()。与列表对象的 sort()方法不同，sorted()函数会返回一个新的排序好的列表，不会影响元素在原列表中的原始排列顺序。sorted()函数的基本语法与 sort()方法的基本语法类似，也接收参数 key 和 reverse。例如：

```
>>> fruits = ['apple','banana','pear','orange','cherry']
>>> print(fruits)                # 按原始顺序打印列表
['apple','banana','pear','orange','cherry']
>>> print(sorted(fruits))        # 使用 sorted()函数按字母顺序显示列表
['apple','banana','cherry','orange','pear']
>>> print(fruits)                # 确认列表元素排列顺序跟原始列表一致
['apple','banana','pear','orange','cherry']
#向 sorted()函数传递参数，使列表按字母顺序降序排序
>>> print(sorted(fruits,reverse = True))
['pear','orange','cherry','banana','apple']
```

3. 使用 reverse()方法

当要反转列表元素的排序顺序时，可使用 reverse()方法，该方法只对列表元素进行逆向排序，基本语法格式为：

列表名.reverse()

reverse()方法不含返回值，仅对列表元素进行逆向排序。例如：

```
>>> fruits = ['apple','banana','pear','orange','cherry']
>>> fruits.reverse()          # 逆向排序
>>> print(fruits)
['cherry','orange','pear','banana','apple']
```

另外，Python 的内置函数 reversed()也可以对列表元素进行逆向排序，与列表对象的 reverse()方法不同的是，它不会对原列表进行修改，而是会返回一个逆向排序后的迭代对象。例如：

```
>>> fruits = ['apple','banana','pear','orange','cherry']
>>> fruit = reversed(fruits)          # 返回可迭代的 reversed 对象
>>> print(fruit)
<list_reverseiterator object at 0x000001B23D742820>
>>> print(list(fruit))                # 将其转换为列表输出
['cherry','orange','pear','banana','apple']
```

3.1.7　列表的常用函数

上面介绍了大量的列表常用方法，有的方法不仅用于列表中，如 count()方法可用于元组、字符串或者 range 对象等。接下来将简单介绍一些常用的 Python 内置函数。

（1）len（列表）：用于获取列表长度，同样用于元组、字典、集合、字符串、range 对象等。

（2）max（列表）与 min（列表）：返回列表元素的最大值或最小值，同样用于元组、字典、集合、字符串、range 对象等。

（3）list（列表）：将序列转换为列表，序列可以是元组、字符串、range 对象等。

（4）sum（列表）：用于对数值型列表元素求和，同样用于元组、字典、集合、字符串、range 对象等。

（5）enumerate（列表）：用于将一个可遍历的数据对象（列表、元组、字符串）组合为索引序列，并返回一个可迭代对象。例如：

```
>>> for i,ch in enumerate('Hello World'):
...     print((i,ch),end = '')
(0,'H')(1,'e')(2,'l')(3,'l')(4,'o')(5,'_')(6,'W')(7,'o')(8,'r')(9,'l')(10,'d'
)
```

3.1.8　列表推导式

假设我们需要创建一个能够存放从数字 1 到 10 的立方的列表，通过使用 range()函数和立方运算，可得到以下代码。

```
>>> cubes = []
>>> for value in range(1,11):
...     cubes.append(value ** 3)
>>> print(cubes)
[1,8,27,64,125,216,343,512,729,1000]
```

由上述代码可知，首先创建了一个名为 cubes 的空列表，接着通过 for 循环和 range()函数遍历整数 1~10 的值，计算其立方并将得到的值通过 append()方法附加到列表末尾。该方法生成 cubes 列表，包含四行代码，我们可以使用列表推导式的方法改进以上代码，使其更加简洁。

列表推导式是一种从其他列表创建列表的方法，与数学中的集合推导类似。它可以将循环和创建新元素的代码合并在一行，并自动附加新元素，列表推导式非常简洁，可以快速生成满足特定需求的列表。例如：

```
>>> cubes = [value**3 for value in range(1,11)]
>>> print(cubes)
[1,8,27,64,125,216,343,512,729,1000]
```

3.2 元组

元组（tuple）是不可变的序列。与列表不同的是，元组一旦被定义，就不允许通过任何方式更改。而列表属于可变序列，可以随意修改列表中的元素值，以及对列表元素进行增加和删除等操作。当用户想创建一系列不能修改的元素时，在 Python 中，用圆括号()表示元组，并用逗号分隔其中的元素，圆括号内可以是整型、字符串型以及布尔型等数据。

3.2.1 元组的创建与删除

元组的创建可以使用"="，表示将一个元组赋值给变量，从而创建元组，也可以创建空元组，例如：

```
>>> letter = ('a','b','c','d')
>>> t = ()                # 空元组
```

当元组中只包含一个元素时，需要在元素后面添加逗号，否则括号会被当成运算符使用，例如：

```
>>> letter = ('a')
>>>print(type(letter))          # 不加逗号，类型为字符串型
<class 'str'>
>>> letter = ('a',)
>>> print(type(letter))          # 加上逗号，类型为元组
<class 'tuple'>
```

元组中的元素值是不允许删除的，当不需要使用该元组时，可以使用 del 语句删除整个元组。

3.2.2 元组的常用函数

（1）len（元组）：返回元组元素的个数。例如：

```
>>> fruits = ('apple','banana','pear','orange','cherry')
>>> len(fruits)
5
```

（2）max（元组）与 min（元组）：分别返回元组中元素的最大值和最小值。例如：

```
>>> a_tuple = ('8','4','6')
>>> print(max(a_tuple))
'8'
>>> print(min(a_tuple))
'4'
```

（3）tuple（序列）：将序列转换为元组，如果参数已是元组，则直接返回。例如：

```
>>> fruits = ['apple','banana','pear','orange','cherry']
>>> tuple1 = tuple(fruits)
>>> print(tuple1)
('apple','banana','pear','orange','cherry')
```

3.2.3　元组与列表的区别

（1）列表属于可变序列，元组属于不可变序列。

（2）列表可以使用多种方法实现添加和修改列表元素；而元组一旦定义，就不允许通过任何方式更改。

（3）列表可以使用切片操作访问和修改列表中的元素，元组也支持切片，但是它只支持通过切片访问元组中的元素，不支持修改（增加或删除）元组中的元素值。

（4）元组比在列表中的访问和处理速度更快，因此，若只需要对其中的元素进行访问，而不进行任何修改，建议使用元组。

（5）列表不能作为字典的键，而元组可以。

3.3　字典

字典是一种可变容器，可以存储任意类型的对象。在 Python 中，字典使用键-值对表示，每个键-值对用冒号分隔，每个对之间用逗号分隔，整个字典包括在大括号中，其语法格式为：

$$d = \{key1:value1,key2:value2\}$$

其中：键 key 必须是唯一的、不可变的，如字符串、数字、元组；值 value 则不必唯一，且可以取任何数据类型。

3.3.1　字典的创建与删除

字典的创建可以使用"="，将一个字典赋值给变量，从而创建字典，也可以创建空字典，例如：

```
>>> msg = {'name':'Yu','age':26}
>>> d = { }              # 创建空字典
```

还可使用 Python 内置函数 dict()从其他映射（如其他字典）或键-值对创建字典，例如：

```
>>> items = [('name','Yu'),('age',26)]
>>> item = dict(items)
>>> print(item)
{'name':'Yu','age':26}
>>> print(item['name'])
Yu
```

对于 dict() 函数，还可使用关键字来调用，例如：

```
>>> item = dict(name = 'Yu',age = 26)
>>> print(item)
{'name':'Yu','age':26}
```

当不需要使用某个字典时，可以使用 del 语句删除整个字典，也可使用 del 语句删除字典中的指定元素。

3.3.2 字典元素的读取

当需要访问字典里的元素值时，可以把相应的键作为下标或者放入方括号中。若指定的键不存在，则抛出异常。例如：

```
>>> msg = {'name':'Yu','age':26}
>>> print(msg['name'])
Yu
>>> print(msg['sex'])
KeyError:'sex'
```

3.3.3 字典元素的添加与修改

向字典添加新内容的方法是增加新的键值对，即指定"键"为下标给字典元素赋值，若该键不存在，则表示增加一个新的键值对（添加新元素）；若该键已存在，则相当于修改该键的值。例如：

```
>>> msg = {'name':'Yu','age':26}
>>> msg['sex'] ='female'              # 添加新元素
>>> print(msg)
{'name':'Yu','age':26,'sex':'female'}
>>> msg['age'] = 27                   # 修改元素值
{'name':'Yu','age':27,'sex':'female'}
```

3.3.4 字典的常用方法

与其他数据类型一样，使用字典也有方法，本节主要介绍 Python 中字典常用的内置方法。

（1）clear()：用于删除所有的字典元素，没有返回值。例如：

```
>>> msg = {'name':'Yu','age':26}
>>> print('字典的长度：',len(msg))
字典的长度：2
>>> msg.clear()
>>> print('字典删除后的长度：',len(msg))
字典删除后的长度：0
```

（2）copy()：用于返回一个新字典的浅复制。例如：

```
>>> msg = {'name':'Yu','age':26}
>>> msg_new = msg.copy()
```

```
>>> print('新复制的字典为: ',msg_new)
新复制的字典为: {'name':'Yu','age':26}
```

当替换新字典中的值时，原字典不受影响，而如果修改新字典中的值，则原字典中的元素也将发生变化，例如：

```
>>>msg = {'name':'Yu','age':26,'hobbies':['badminton','table tennis','volleyball']}
>>> msg_new = msg.copy()
>>> msg_new['name'] = 'Li'                # 替换新字典元素值
>>> msg_new['hobbies'].remove('volleyball')
>>> print(msg_new)
{'name':'Li','age':26,'hobbies':['badminton','table tennis']}
>>> print(msg)
{'name':'Yu','age':26,'hobbies':['badminton','table tennis']}
```

由上述示例可见，当使用字面量 Li 替换 msg_new 字典中 name 键对应的值时，原字典 msg 不受影响，而使用 remove 方法修改 msg_new 中 hobbies 键对应的值时，原字典 msg 也将发生变化，因为原字典指向的也是被修改的值。为避免这个问题，可使用深复制的方法来解决，即同时复制元素及其包含的所有值，通过调用 copy 模块中的 deepcopy()函数来实现，例如：

```
>>> from copy import deepcopy
>>> msg = {'name':['Yu','Li']}
>>> msg1 = msg.copy()
>>> msg2 = deepcopy(msg)
>>> msg['name'].append('Tang')
>>> print(msg1)
{'name':['Yu','Li','Tang']}
>>> print(msg2)
{'name':['Yu','Li']}
```

（3）fromkeys()：用于创建一个新字典，其中包含指定的键，该方法返回一个新字典。其语法格式为：

dict.fromkeys(seq[,value])

以下示例给出了 fromkeys()方法的用法。

```
>>> msg = {'name','age','sex'}
>>> new_msg = dict.fromkeys(msg)
>>> print("新的字典为: {:s}".format(str(new_msg)))
新的字典为: {'name':None,'sex':None,'age':None}
>>> new_msg = dict.fromkeys(msg,10)
>>> print("新的字典为: {:s}".format(str(new_msg)))
新的字典为: {'name':10,'sex':10,'age':10}
```

该示例中首先创建了一个 msg 字典，通过对 dict 调用 fromkeys()方法输出一个新字典 new_msg，以上示例分别输出了默认值为 None 和特定值为 10 的两种情况。

（4）get()：用于返回指定键的值，若访问字典中不存在对应项，则抛出异常。其语法格式为：

$$dict.get(key[,value])$$

其中：key 为字典中要查找的键；value 为可选参数，若指定的键不存在，则返回默认值。

以下示例给出了 get()方法的用法。

```
>>> msg = {'name':'Yu','age':26,'sex':'woman'}
>>> print("姓名: ",msg.get('name'))
姓名: Yu
>>> print("年龄: ",msg.get('age'))
年龄: 26
>>> print("电话: ",msg['phone'])
KeyError:'phone'
>>> print("电话: ",msg.get('phone'))
电话: None
```

由上可知，若直接访问字典中没有的项时，则会引发异常。而使用 get()方法访问字典中不存在的键时，会返回默认值 None 或者设置的默认值。以下示例给出了一个使用 get()方法的简单个人信息数据库。

```
msg = {
    'Yu':{
        'age':26,
        'sex':'woman'
    },
    'Tang':{
        'age':30,
        'sex':'man'
    }
}
labels = {
    'ag':'age',
    'se':'sex'
}
name = input('Name:')
# 要查找年龄还是性别?
request = input('age (a) or sex (s)?')
# 使用正确的键:
key = request              # 如果 request 既不是'a'也不是's'
if request == 'a':key = 'age'
if request == 's':key = 's'
# 使用 get 提供默认值
person = msg.get(name,{})
label = labels.get(key,key)
result = person.get(key,'not available')
print("{}'s {} is {}.".format(name,label,result))
Name:Yu
age (a) or sex (s)? a
Yu's age is 26.
```

由上可知，使用 get()方法提高了代码的灵活性，让程序在用户输入不存在的值时也能妥善处理。

（5）items()：返回字典的(key,value)对，与接下来要介绍的 keys()和 values()方法类型一样，该返回值属于字典视图，可以动态访问字典的数据，且 items()、keys()和 values()方法都属于可迭代对象，可以与 for 循环结合使用。例如：

```
>>> msg = {'name':'Yu','age':26,'sex':'woman'}
>>> print(msg.items())
dict_items([('name','Yu'),('age',26),('sex','woman')])
>>> for item in msg.items():
        print(item,end = ' ')
('name','Yu') ('age',26) ('sex','woman')
```

（6）keys()：返回字典的键。例如：

```
>>> msg = {'name':'Yu','age':'26','sex':'woman'}
>>> print(msg.keys())
dict_keys(['name','age','sex'])
>>> for key in msg.keys():
        print(key,end = ' ')
name age sex
```

（7）pop()：返回并删除字典给定键所对应的值，若键不存在，则返回 None 或指定的值。其语法格式为：

dict.pop(key[,default])

其中：key 为要删除的键；default 为当键不存在时返回的值。以下示例展示了使用 pop()方法获取与指定键对应的值，并将其删除的过程。

```
>>> msg = {'name':'Yu','age':26,'sex':'woman'}
>>> msg.pop{'sex'}
>>> print(msg)
{'name':'Yu','age':26}
```

（8）popitem()：随机返回并删除字典中的最后一对键值。

以下示例展示了 popitem()方法的使用方法。

```
>>> msg = {'name':'Yu','age':26,'sex':'woman'}
>>> msg.popitem()          # 最后一对键值会被删除
>>> print(msg)
{'name':'Yu','age':'26'}
>>> msg['phone'] = 4321  # 插入新元素
>>> print(msg)             # 现在('phone':4321)是最后插入的元素
{'name':'Yu','age':26,'phone':4321}
>>> msg.popitem()
>>> print(msg)
{'name':'Yu','age':'26'}
```

（9）update()：使用字典或键-值对，更新或添加元素到字典中，不含返回值。其语法格式为：

dict.update(dict2)

其中：dict2 为添加到指定字典 dict 里的字典，该方法没有任何返回值。以下示例展示了使用

update()方法更新字典内容的过程。

```
>>> msg1 = {'name':'Yu','age':26,'sex':'woman'}
>>> msg2 = {'phone':4321}
>>> msg1.update(msg2)
>>> print('更新字典msg1: ',msg1)
更新字典msg1: {'name':'Yu','age':26,'sex':'woman','phone':4321}
```

（10）setdefault()：类似于 get()方法，若键存在，则返回对应值，若键不存在，则添加键并将该值设为默认值。其语法格式为：

dict.setdefault(key,default=None)

其中：key 为键；default 参数为键不存在时设置的默认值。例如：

```
>>> msg = {'name':'Yu','age':26,'sex':'woman'}
>>> msg.setdefault('name')
>>> print(msg)
{'name':'Yu','age':26,'sex':'woman'}
>>> msg.setdefault('phone')
>>> print(msg)
{'name':'Yu','age':26,'sex':'woman','phone':None}
```

（11）values()：返回字典的值。不同于 keys()方法，values()方法返回的内容中可能包含重复值。例如：

```
>>> msg = {'name':'Yu','age':26,'sex':'woman'}
>>> print(msg.values())
dict_values(['Yu',26,'woman'])
>>> for value in msg.values():
     print(value,end = ' ')
Yu 26 woman
```

最后，用户可以通过关键字 in 来判断键是否存在于字典中，其语法形式表示为：

key in dict

若为 True，则字典键存在，否则为不存在。

3.4 集合

Python 还包含集合数据类型。集合是没有重复元素的无序集合，基本用途包括成员资格测试和消除重复条目，支持并、交、差和对称差等数学运算。与字典一样，集合可以使用大括号来创建，同一集合中的元素唯一。

3.4.1 集合的创建与删除

Python 通过 "{}" 或 "set()" 来创建集合，需要注意的是，如果要创建一个空集合，必须使用 "set()"，因为 "{}" 将会创建一个字典而非集合。

```
>>> fruits = {'apple','orange','apple','pear','orange','banana'}
>>> print(fruits)        #同一集合的输出不包含重复元素
{'orange','apple','pear','banana'}
```

可以通过 in 关键字来简单判断一个元素是否在该集合中。

```
>>> 'orange' in fruits
True
```

同时，也可通过 "set(value)" 从列表中创建集合，并且创建的同时，列表中重复的元素将会被自动舍弃掉，例如：

```
>>> ls = [1,2,3,4,5,5,6]
>>> st = set(ls)
>>> print(st)
{1,2,3,4,5,6}
```

集合支持数学上的并集（|）、交集（&）、差集（－）运算，例如，使用两个集合 a 与 b 来进行运算。

```
>>> a = set('helloworld')
>>> b = set('happyday')
>>> print(a)
{'e','r','o','d','h','l','w'}
>>> print(b)
{'a','p','d','h','y'}
>>> print(a|b)            # 集合 a 或 b 中包含的所有元素
{'e','a','y','r','o','p','d','h','l','w'}
>>> print(a&b)            # 集合 a 和 b 中都包含的元素
{'d','h'}
>>> print(a-b)            # 集合 a 中包含而集合 b 中不包含的元素
{'e','r','o','l','w'}
```

最后，Python 也支持推导式的方式创建集合，例如：

```
>>> a = {x for x in 'helloworld' if x not in 'hlo'}
>>> print(a)
{'w','e','r','d'}
```

3.4.2　集合元素的添加与修改

向集合中添加元素的方法为 s.add(x)，该语句能将元素 x 添加至集合 s 中。如果元素在 s 中已存在，则不进行任何操作，例如：

```
>>> fruits = set(('apple','banana','cherry'))
>>> fruits.add('grape')
>>> print(fruits)
{'apple','banana','cherry','grape'}
>>> fruits.add('apple')
>>> print(fruits)
{'apple','banana','cherry','grape'}
```

使用 s.update(x)方法也可以添加元素，且参数 x 可以是列表、元组、字典等，例如：

```
>>> fruits = set(('apple','banana','cherry'))
>>> fruits.update(['grape','pear'])
>>> print(fruits)
{'pear','apple','banana','grape','cherry'}
>>> fruits.update({'peach','orange'})
>>> print(fruits)
{'apple','orange','pear','cherry','peach','banana','grape'}
```

当需要从集合中删除一个元素时，可以使用 s.remove(x)方法，例如：

```
>>> fruits = set(('apple','banana','cherry'))
>>> fruits.remove('banana')
>>> print(fruits)
{'apple','cherry'}
KeyError:'grape'
```

还可使用 s.pop()方法随机地删除集合中的某个元素，例如：

```
>>> fruits = set(('apple','banana','cherry'))
>>> fruits.pop()
>>> print(fruits)
{'cherry','banana'}
>>> fruits.pop()
>>> print(fruits)
{'banana'}
```

3.4.3　集合的常用函数

集合中的常用函数有 len()函数和 clear()函数。len()用于计算集合中的元素个数；clear()用于清空集合，并可以使用 sorted()函数将集合变为有序的，例如：

```
>>> fruits = set(("banana","apple","cherry"))
>>> print(len(fruits))
3
```

从上可以看到 len()函数将返回集合中的元素个数。但要注意的是，集合是没有下标的，也就是说，不能使用 fruits[0]这样的方式来获取元素，但可以使用 for 对集合进行遍历，例如：

```
>>> for fruit in fruits:
     print(fruit)
banana
apple
cherry
```

而 clear()函数将会清空一个集合，其用法如下。

```
>>> fruits.clear()
>>> print(fruits)
set()
```

另外，求解集合的最大值、最小值及元素和可以通过内置函数 max()、min()、sum()来分别获取，这与列表、元组等类型的用法一致，在此不再阐述。

本章小结

本章介绍的四种数据类型是 Python 中最常用的序列，给出大量示例展示了其基本用法。通过本章的学习，读者能区分列表、元组属于有序序列，支持双向索引，其中列表为可变序列，元组为不可变序列；字典和集合属于无序可变序列，集合不支持使用下标来访问元素，可以将字典的"键"作为下标来获取对应的"值"。

习题

3-1　用 Python 代码实现使用列表推导式，要求生成包含 10 个数字 6 的列表。

3-2　用 Python 代码实现列表 a_list 中每隔 4 个元素取 2 个，并将提取到的元素组成新列表 b_list。

3-3　编写程序，将列表 num = [1,2,3,4,5,6,7,8,9]中的偶数变成它的平方，奇数保持不变。

3-4　编写程序，有一列表 num = [11,22,33,44,55,66,77,88,99,90]，将其中所有大于 66 的数保存至字典的第一个键 k1 所对应的值中，将小于 66 的数保存至第二个键 k2 所对应的值中。

3-5　编写程序，设计一个字典，将用户输入内容作为"键"，输出字典中对应的"值"，如果用户输入的"键"不存在，则提示"您输入的键不存在!"。

3-6　输入两个集合 A 和 B，分别输出它们的交集、并集和差集。

3-7　编写程序，实现删除列表重复元素的功能。

3-8　编写程序，统计字符串中每个字母的出现次数（字母忽略大小写），并输出成一个字典。例如{'a':4,'b':2}。

3-9　已知字符串 a = "aAsmr3idd4bgs7Dlsf9eAF"，要求如下

（1）将 a 字符串的数字取出，并输出成一个新的字符串。

（2）去除 a 字符串多次出现的字母，仅留最先出现的一个。例如'abcabb'，经过去除后，输出'abc'。

（3）将 a 字符串反转并输出。例如，'abc'的反转是'cba'。

（4）输出 a 字符串出现频率最高的字母。

第 4 章　流程控制

在程序设计中，通常将程序结构分为顺序结构、选择结构和循环结构。顺序结构即根据程序中各语句出现位置的先后来依次执行。本章首先介绍选择结构，对单分支选择结构、双分支选择结构和多分支选择结构进行具体介绍；其次通过案例详细阐述 Python 中两种基本的循环结构——while 循环和 for 循环结构；最后对常用于流程控制中的 break 语句和 continue 语句进行介绍。

4.1　选择结构

选择结构也称分支结构，根据条件来控制代码的执行。在 Python 中，通常使用 if 语句来实现。

4.1.1　单分支选择结构

单分支选择结构的控制流程如图 4-1 所示，其语法形式如下：

if <条件表达式>:

    <语句块>

这是最基本的选择结构。其中，表达式后面的冒号不可缺少；条件表达式可以为关系表达式、逻辑表达式、算术表达式等；语句块可以为单个语句或多个语句，若是多个语句，其缩进必须一致。通过执行紧跟在 if 语句后的条件表达式，当表达式的值为真（True）时，表示满足条件，则执行语句块，否则跳过语句块。

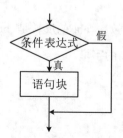

图 4-1　单分支选择结构的控制流程图

使用单分支 if 语句交换两个变量的值的代码如下：

```
a = input("请输入第 1 个整数：")
b = input("请输入第 2 个整数：")
if(a<b):
   a,b = b,a          # a 和 b 的值被交换
print(a,b)
请输入第 1 个整数：4
请输入第 2 个整数：5
5 4
```

4.1.2　双分支选择结构

双分支选择结构的控制流程如图 4-2 所示，其语法形式为：

if<条件表达式>:

　　<语句块 1>

else:

　　<语句块 2>

当条件表达式的值为真时，将执行语句块 1，否则执行语句块 2。

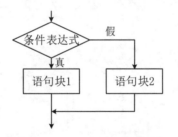

图 4-2　双分支选择结构的控制流程图

使用双分支 if 语句的代码如下：

```
fruits = ['apple','banana','cherry']
if fruits:
    print(fruits)
else:
    print('None')
['apple','banana','cherry']
```

Python 还提供如下形式的表达式来实现与其他语言等价的三元条件运算符（(条件)?语句 1:语句 2）的功能：

$$value\_True\ if\ (条件表达式)\ else\ value\_False$$

当条件表达式的值为真（ True ）时，表达式的值为 value_True，否则表达式的值为 value_False。其中，value_True 和 value_False 可以使用复杂表达式，如函数调用。例如：

```
b=a if (a>=0) else b=c
```

4.1.3 多分支选择结构

多分支选择结构的控制流程如图 4-3 所示，可以用来实现更复杂的业务逻辑，可以根据不同条件表达式的值确定执行某个语句块。

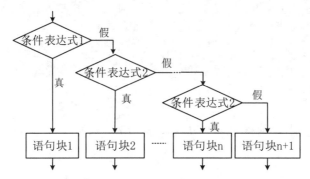

图 4-3 多分支选择结构的控制流程图

通用的语法形式为：

if<条件表达式>:

    <语句块 1>

elif<条件表达式 2>:

    <语句块 2>

elif<条件表达式 3>:

    <语句块 3>

else:

    <语句块 n>

elif 是 else if 的缩写，由 if 子句和 else 子句组合而成，即包含条件的 else 语句。多分支结构的作用是按照不同条件表达式的值来确定执行哪个语句块。例如：获得用户输入的一个整数，如果输入值等于 0，则直接输出"Hello World"；若输入值大于 0，则以两个字符一行的方式输出"Hello World"（包含空格）；否则，以垂直方式输出"Hello World"。代码如下：

```
num = eval(input("请输入一个整数："))
# eval()函数会将字符串生成语句执行
if num == 0:
    print("Hello World")
elif num > 0:
    print("He\nl\nlo\n W\nor\nld")
else:
    for i in "Hello World":
        print(i)
请输入一个整数：5
He
```

```
ll
o
Wo
rl
d
```

4.1.4　if 语句的嵌套

嵌套的分支结构可以满足用户的不同需求，除了多分支选择结构外，在 if 语句中又包含一个以上的 if 语句称为 if 语句的嵌套，其语法形式如下：

if <条件表达式 1>:

  if <条件表达式 2>:

    语句块 1

  else:

    语句块 2

else:

  if <条件表达式 3>:

    语句块 3

  else:

    语句块 4

使用这种形式的 if 结构时，要严格控制好代码缩进量，这是 Python 语言所要求的，并且决定了不同代码块的从属关系和业务逻辑是否能被正确实现。例如，利用 if-else 嵌套语句判断学生成绩的代码如下：

```python
score = eval(input('请输入学生成绩: '))
if score > 100 or score < 0:
    print("成绩必须在 0 和 100 之间")
else:
    if score >= 60:
        print("你已经及格")
        if score >= 85:
            print("你很优秀")
        else:
            print("你很一般")
    else:
        print("不及格，请继续努力")
请输入学生成绩: 90
你已经及格
你很优秀
```

4.2　while 循环

while 循环的执行流程如图 4-4 所示。while 循环用于在某条件下循环地执行某段程序，用于处理需要重复多次的相同任务。

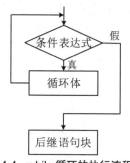

图 4-4　while 循环的执行流程图

while 在循环前不确定重复执行语句的次数，其语法形式为：

while <条件表达式>:

　　循环体

while 语句首先通过计算条件表达式，若表达式结果为真（True），则进行循环体，当循环体中语句执行完后，继续转向 while 语句的开始，进行下一轮循环；若表达式结果为假（False），则退出 while 循环，执行跟在 while 循环的后继语句块。

使用 while 循环计算 1 至 100 中所有奇数及所有偶数的和的代码如下：

```
num = 1
sum_odd = 0
sum_even = 0
while num <= 100:
    if num % 2 == 0:
        sum_even += num        # 偶数和
    else:
        sum_odd += num         # 奇数和
    num += 1
print("奇数和={}\n偶数和={}".format(sum_odd,sum_even))
奇数和=2500
偶数和=2550
```

while 循环可以带 else 子句，其语法形式为：

while <条件表达式>:

　　　　循环体

else:

　　else 子句代码块

当 while 循环中的条件表达式不成立时，则执行 else 子句的代码块；若循环时由于 break 语句导致跳出循环，则不执行 else 中的语句。代码如下：

```
num=0
while num <5:
    print("loop", num)
    # if num == 3:
    # break
    num +=1
else:
    print("loop is done")
loop 0
loop 1
loop 2
loop 3
loop 4
loop is done
```

4.3   for 循环

for 语句用于遍历可迭代对象中的元素，对其执行一次相关的嵌入语句。当可迭代对象中所有元素完成迭代后，会执行 for 之后的下一条语句。for 循环一般用于循环次数可以提前确定的情况。

可迭代对象每次会返回一个元素，包含序列（字符串、列表、元组等）、字典、文件对象、迭代器对象、生成器函数。其中，迭代器是一个对象，表示可迭代的数据集合，包含__iter__()和__next__()方法，用于实现迭代功能；生成器函数通过使用 yield 语句，每次会产生一个值。

for 循环的执行流程如图 4-5 所示，其语法形式为：

for 变量 in 可迭代对象：

　　循环体

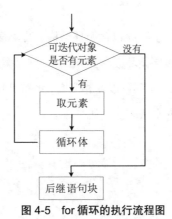

图 4-5   for 循环的执行流程图

利用 for 循环遍历列表中的每个元素并输出元素值的代码如下：

```
fruits = ['apple', 'banana', 'cherry']
for i in fruits:
    print(i)
apple
banana
cherry
```

此外，请读者尝试使用 for 循环计算 1 至 100 中所有奇数及所有偶数的和。

与 while 循环类似，for 循环也可以带 else 语句，其语法形式为：

for 变量 in 可迭代对象：

　　循环体

else:

　　else 子句代码块

使用 for 循环和 else 子句对列表进行操作的代码如下：

```
fruits = ['apple','banana','cherry']
for fruit in fruits:
    # if fruit == 'banana':
    #    print('香蕉')
    #    break
    print('循环数据: ' + fruit)
else:
    print('完成循环')
循环数据: apple
循环数据: banana
循环数据: cherry
完成循环
```

4.4　循环嵌套

循环的嵌套是指在一个循环体中继续包含循环结构，也称多重循环结构。其中，内层的循环还可以包含新的循环，以形成多层循环嵌套。

上面章节中的 while 循环和 for 循环可以互相嵌套，多重循环的循环次数等于每一重循环次数的乘积。利用嵌套循环打印九九乘法表的代码如下：

```
for i in range(1,10):
for j in range(1,i+1):
    text = str(j) + '*' + str(i) + '=' + str(i*j)
    print("{:<7}".format(text),end=' ')
print()
1*1=1
1*2=2   2*2=4
```

```
1*3=3   2*3=6   3*3=9
1*4=4   2*4=8   3*4=12  4*4=16
1*5=5   2*5=10  3*5=15  4*5=20  5*5=25
1*6=6   2*6=12  3*6=18  4*6=24  5*6=30  6*6=36
1*7=7   2*7=14  3*7=21  4*7=28  5*7=35  6*7=42  7*7=49
1*8=8   2*8=16  3*8=24  4*8=32  5*8=40  6*8=48  7*8=56  8*8=64
1*9=9   2*9=18  3*9=27  4*9=36  5*9=45  6*9=54  7*9=63  8*9=72  9*9=81
```

以上程序展现的九九乘法表为下三角形，读者可进一步编写上三角形的九九乘法表。

4.5　循环中常用的函数

本节主要介绍三个与循环结合使用的函数，分别是 enumerate()函数、zip()函数和 map() 函数。

（1）enumerate()函数：当循环中需要使用索引下标来访问可迭代对象中的元素时，可使用 enumerate()函数，它可以将一个可遍历的数据对象组合为一个索引序列，并返回一个可迭代对象，常用于 for 循环中。代码如下：

```
workday = ['Monday','Tuesday','Wednesday','Thursday','Friday']
for i,day in enumerate(workday, ,start=1):
    print(day + 'is' + str(i))
Monday is 1
Tuesday is 2
Wednesday is 3
Thursday is 4
Friday is 5
```

（2）zip()函数：用于并行遍历多个可迭代对象，通过将其对应的元素打包成元组，返回一个可迭代对象。若元素个数不一致，则返回列表的长度与最短对象相同。代码如下：

```
list1 = [0,1,2,3,4]
list2 = [5,6,7,8,9]
for l1,l2 in zip(list1,list2):
    print('{0} + {1} = {2}'.format(l1,l2,l1+l2))
0 + 5 = 5
1 + 6 = 7
2 + 7 = 9
3 + 8 = 11
4 + 9 = 13
```

（3）map()函数：用于遍历可迭代对象，同时使用指定函数处理对应的元素。其语法格式为：

$$map(func,seq1[,seq2,…])$$

通过将 func 作用于 seq 中的每一个元素，并将所有的调用结果作为可迭代对象返回，若 func 为 None，则 map()函数的作用等同于 zip()函数的作用。

计算列表中各个元素的绝对值的代码如下：

```
print(map(abs,[-1,2,-3,4,-5]))              # 返回迭代器

print(list(map(abs,[-1,2,-3,4,-5])))        # 使用 list()转换为列表
<map object at 0x0000019F2373D220>
[1,2,3,4,5]
```

4.6　break 语句和 continue 语句

4.6.1　break 语句

当用户在循环过程中断循环操作时，可以使用 break 语句。break 语句用于结束整个循环，常用于 while 循环和 for 循环。需要注意的是，当使用多个 while 循环、for 循环互相嵌套时，break 语句只用于最里层的语句，只能跳出最近的一层循环。

break 语句的执行流程如图 4-6 所示。

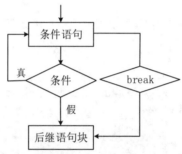

图 4-6　break 语句的执行流程

使用 for 循环和 break 语句计算 200 以内能被 15 整除的最大正整数的代码如下：

```
for i in range(200,0,-1):
    if i%15 == 0:
        print(i)
        break

195
```

4.6.2　continue 语句

当用户需要结束当前循环，并跳转到下一轮循环的开头时，可以使用 continue 语句。continue 语句的执行流程如图 4-7 所示。

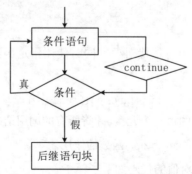

图 4-7　continue 语句的执行流程图

continue 语句与 break 语句的区别为：continue 语句用于结束本次循环，并跳转到循环的起始处，若循环条件满足，则执行下一轮循环；break 语句用于结束循环，再跳转到跟在循环后的下一个语句块并执行。

使用 while 循环和 continue 语句打印从 1 到 10 中的奇数的代码如下：

```
num = 0
while num<10:
    num += 1
    if num % 2 == 0:
        continue
    print(num)
1
3
5
7
9
```

读者也可尝试使用 for 循环和 continue 语句来改写以上代码。

本章小结

选择结构通常用于判断是否满足给定条件来选择下一步的执行动作；循环结构之间可以互相嵌套，也可以配合选择结构嵌套使用；break 语句和 continue 语句贯穿于选择结构和循环结构中，用于达到指定条件后改变代码的执行流程。在编写循环语句时，应尽量减少循环内的无关计算，以降低运算量。

习题

4-1　编写程序，计算分段函数：$f(x) = \begin{cases} 2x+1 & (x \geqslant 1) \\ 4x/(x-1) & (x < 1) \end{cases}$

4-2　众所周知，闰年的条件是能被 4 整除但不能被 100 整除，或者能被 400 整除，请编程判断某一年是否为闰年。

4-3　编写程序，分别用 while 循环和 for 循环计算整数 1 至 100 的和。

4-4　编写程序，通过输入某个整数 n(n>0)，分别用 while 循环和 for 循环计算 n!。

4-5　编写程序，计算 Sn = 2−4+6−8+10−12+⋯。

4-6　编写程序，通过输入 a、b、c 三个系数的值，计算一元二次方程 ax²+bx+c=0 的解。

4-7　编写程序，通过输入一行字符，分别统计出其中的数字、英文字母、空格和其他字符的个数。

4-8　"水仙花数"是指一个三位数，其各位数字的立方和等于该数本身。例如：153 是一个"水仙花数"，$1^3+5^3+3^3 = 153$。请编写程序输出三位水仙花数（可使用 math 模块中的 pow()方法）。

4-9　编写程序计算鸡兔同笼问题，设鸡、兔共有 40 只，脚 90 只，请计算鸡、兔各有多少只。

4-10　编写程序，输入一个小于 200 的整数，对其进行因式分解。例如，10=2*5。

4-11　一球从 100 米高度自由落下，每次落地后反跳回原高度的一半，再次落下，请编写程序计算第 10 次落地时，共经过多少米？

4-12　有一分数序列：2/1，3/2，5/3，8/5，13/8，21/13…，编写程序求出这个数列的前 20 项之和。

4-13　编写程序，求 1+2!+3!+…+20!的和。

4-14　编写程序，输入一个不多于五位的正整数，计算它是几位数，并逆序打印出各位数字。

4-15　编写程序，输入一个五位数，判断它是不是回文数。回文数是指个位与万位相同，十位与千位相同，如 12321 是回文数。

第 5 章 函数

为了方便后续代码的维护，Python 将绝大多数子程序分解并重新组织为函数而使代码模块化。函数是重用的程序段。它允许你给一块语句一个名称，然后你可以在程序的任何地方使用这个名称任意多次并运行这个语句块，这被称为调用函数。调用函数最重要的目的就是方便我们重复使用相同的一段程序。

5.1 函数的定义和调用

5.1.1 函数的定义

在 Python 中，定义一个函数要使用 def 语句，依次写出函数名、括号、括号中的参数和冒号。然后，在缩进块中编写函数体，函数的返回值需要用 return 语句来发起。如下代码所示：

```
# 例 5-1
def add (a,b):
    c = a + b
    return c
```

上述示例就是定义了一个函数，其功能是求两个数的和并且返回结果，再将该函数取名为 add。

在这个示例中，def 这个关键字就是在通知 Python：我要定义一个函数，add 是这个函数的名称。接着，函数名后面括号中的 a、b 则是函数的参数，它们是函数的输入。参数可以有多个，也可以完全没有。前面章节中我们已经介绍过用冒号和缩进来表示隶属关系，那么这里不难理解 add 函数下面的两行语句就是通过缩进来表示其为函数体的部分，分别定义了变量 c，并且执行 c = a + b，最终将 c 的值通过函数返回。

在 Python 中，当程序执行到 return 的时候，程序会停止执行函数内余下的语句。return 并不是必须的，当没有 return 时，或者 return 后面没有返回值时，函数将自动返回 None。None 是 Python 中的一个特殊的数据类型，用来表示什么都没有。

需要注意的是，函数名是用户给函数取的名字，需要符合标识符命名规范，并且在函数定义时，函数体中不能再出现与函数名同名的其他对象名。

5.1.2 函数的调用

定义了函数后，就可以在后面的程序中通过规范化的调用来使用这一函数。

```
# 例 5-2
def add (a,b):
    c = a + b
    return c
#函数内做加法后将值返回

x = 5,y = 7
z = add (x,y)
#调用函数

print (z)
```

上述示例中，z＝add(x,y)即为 add 函数的调用。Python 根据位置的一一对应，将 x=5 和 y=7 分别传给 add 函数中的 a 和 b，并在 add 函数内部定义变量 c，c 的值为 a 和 b 之和，即 12，再将 12 这一值通过 return 语句传回主函数并赋值给 z，最后打印返回值。

5.2 函数参数

5.2.1 形参与实参

函数取得的参数就是输入进函数的值，这样函数可以利用这些值进行计算。这些参数就像变量一样，只不过它们的值是在我们调用函数的时候定义的，而非在函数本身内赋值。参数在函数定义的圆括号内指定，用逗号分隔。当调用函数的时候，我们需要以同样的方式提供值。需要注意并进行区分的是：函数中的参数名称为形参，而提供给函数调用值的参数称为实参。

在例 5-2 中，a 和 b 就是形参，x 和 y 就是实参。

```
# 例 5-3
x = 5

def add_int (a):
    a = a + 1
    return a
#函数内做加 1 后将值返回

print (add_int(x))
#调用函数并打印返回值
print (x)
```

上述程序块的两次打印中，第一次打印输出的结果为 6，第二次打印输出的结果为 5。这是因为调用 add_int()函数时，只是将 x 的值传递进了函数，在函数内的加一行为并不会影响到函数外实参 x 的值。

图 5-1 展示了函数定义以及调用时的参数形式。

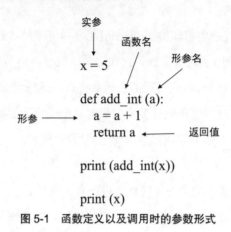

图 5-1 函数定义以及调用时的参数形式

函数的形参和实参具有以下特点。

（1）形参只有在被调用时才分配内存单元，当调用结束时，立即释放所分配的内存单元。因此，形参只在函数内部有效。函数调用结束返回主调函数后，则不能再使用该形参变量。

（2）无论实参是何种类型的变量，在进行函数调用时，它们都必须有确定的值，以便把这些值传递给形参。因此应预先用赋值、输入等办法使实参获得确定值。

（3）函数调用中发生的数据传送是单向的。即只能把实参的值传递给形参，而不能把形参的值传递给实参。因此在调用过程中，形参的值可能发生变化，而实参的值不会发生变化。

5.2.2 参数类型

Python 的函数定义非常简单，但灵活度却非常大。除了正常定义的必选参数外，还可以使用默认参数、可变参数和关键字参数，使得函数定义出来的接口，不但能处理复杂的参数，还可以简化调用者的代码。

1. 默认参数

默认参数也叫参数的默认值，即在定义函数时，直接指定形式参数的默认值。这样，当没有传入参数时，则直接使用定义函数时设置的默认值。

```
# 例 5-4
def say_hello (name):
    print ("Hello!" + name)
#函数内进行字符串拼接后将值返回

a = "Tom"

say_hello (a)        #调用函数

# 例 5-5
```

```
def say_hello (name = "Tom"):
    print ("Hello! " + name)

say_hello ()
```

不难看出，例 5-4 中的代码将打印输出"Hello! Tom"。而例 5-5 也将同样打印输出"Hello!
Tom"。这正是因为例 5-5 使用了默认参数，它在定义函数时将形参的默认值设置为了"Tom,
这使得在调用函数时可以不对 name 进行赋值，函数将自动赋值"Tom"。

一般来说，在定义函数时，当函数有多个参数时，把变化大的参数放前面，变化小的参数
放后面。变化小的参数就可以作为默认参数。通过使用默认参数，能够最大限度地降低调用函
数的难度。

例如，在对上海某中学新入学的一年级新生进行身份注册时，大多数同学都是 13 岁，来自
上海。那么针对年龄和生源地这两条属性，就可以使用默认参数来赋值，以降低调用函数的复
杂性。

```
# 例 5-6
def school_enroll (name,gender,age = 13,city = "Shanghai")
    print("name:",name)
    print("gender:",gender)
    print("age:",age)
    print("city:",city)
#函数内进行打印

school_enroll("Tom","M")
school_enroll("Jerry","M",14,"Beijing")
```

此时，对于大多数的 13 岁并且来自上海的学生，就只需要输入姓名和性别就行。而对于小
部分的其他年龄或其他生源地的学生，需要将不是默认值的属性一并输入。

可见，默认参数降低了函数调用的难度，一旦需要更复杂的调用，就可以传递更多的参数
来实现。无论是简单调用还是复杂调用，函数只需要定义一个。

2. 可变参数

在 Python 函数中，还可以定义可变参数。顾名思义，可变参数就是传入的参数个数是可变
的，可以是 1 个、2 个到任意个，也可以是 0 个。定义时，需要在可变参数前面加一个*号。代
码如下：

```
# 例 5-7
def add_square (*numbers):
    sum = 0
    for n in numbers:
        sum = sum + n * n
#求平方和
    return sum
```

```
print (add_square (0,1)))
#显示 1
print (add_square (0,1,2))
#显示 5
print (add_square (0,1,2,3))
#显示 14
```

例 5-7 中定义了求平方和的函数 add_square()，它的输入值可以是任意个。输入两个值即为求两个值的平方和，输入三个值即为求三个值的平方和。

合理运用可变参数能够使函数的调用更加灵活多变，满足更多的应用需要。

3. 关键字参数

可变参数允许你传入 0 个或任意个参数，这些可变参数在函数调用时自动组装为一个元组。而关键字参数允许你传入 0 个或任意个含参数名的参数，这些关键字参数在函数内部自动组装为一个字典。定义时，需要在关键字参数前面加两个*号。示例代码如下：

```
# 例 5-8
def enroll (name,age,**kw):
    print ("name:",name,"age:",age,"other:",kw)
#函数内进行打印

enroll (""Tom",15)
enroll ("Jerry",16,gender="M",city="Shanghai")
```

例 5-8 将打印两行，第一行为：name:Tom age:15 other:{}，第二行为：name:Jerry age:16 other:{"gender":"M","city":"Shanghai"}。

关键字参数可以扩展函数的功能。比如，在例 5-8 定义的函数中，我们保证能接收到 name 和 age 这两个参数，但是如果调用者愿意提供更多的参数，我们也能收到。试想你正在做一个用户注册的功能，除了用户名和年龄是必填项外，其他都是可选项，利用关键字参数来定义这个函数就能满足注册的需求。

5.3 函数的返回值

当调用一个函数时，它的参数会按照引用关系传递到函数中的形参。如果调用函数的参数用的是可变对象（如列表或字典），那么在函数内部改变该对象会影响到函数之外。代码如下：

```
# 例 5-9
a = [0,1,2,3,4]

def change (x):
    x [1] = 10
#改变列表对象的具体数值
```

```
change (a)

print (a)
#显示[0,10,2,3,4]
```

例 5-9 中，将列表对象传递进 change 函数中，函数中的改变也将影响到函数外 a 列表的具体内容。

return 语句用于从函数中返回一个对象。如果没有指定对象，则返回 None。如果要返回多个值，则可以通过返回一个元组来完成。

```
# 例 5-10
def add_minus (a,b)
    return (a + b,a - b)
#将加减法结果同时传出函数

x = 9,y = 3

(x,y) = add_minus (x,y)
#执行后 x 为 12，y 为 6
```

例 5-10 就是通过元组在一个函数中将加减法结果同时传递出来实现的。

5.4 变量的作用域

当一个函数开始运行时，就会创建一个新的局部命名空间。该命名空间用来存放函数的形参名称，以及该函数中使用的全部局部变量名。当解析一个变量名时，解释器首先在这个局部命名空间中进行搜索，如果找不到该变量名，接着搜索全局变量命名空间。函数的全局命名空间就是定义该函数的模块。如果在全局命名空间中还是找不到匹配，解释器就会在内建命名空间中进行搜索。若仍找不到这个变量名，则会引发 NameError 异常。

命名空间的一个特征是：在函数内部，即使有一个变量与全局变量同名，也不会相互影响。代码如下：

```
# 例 5-11
x = 10

def change():
    x = 5

change()
#调用函数

print(x)
#显示 10
```

尽管在函数中修改了变量的值，但是仍将打印数值 10。在例 5-11 的 change 函数中，变量 x 其实是一个全新的值，即为 5 的对象，与函数外的 x 是不同的对象。要在函数内部使用全局变量，则需要使用 global 语句，global 语句用于明确声明一个或多个变量属于全局命名空间。代码如下：

```
# 例 5-12
x = 10

def change():
    global x
#声明 x 变量位于全局命名空间中
    x = 5

change()

print(x)
#显示 5
```

如果想为一个定义在函数之外的变量赋值，那么需要告诉 Python 这个变量名不是局部的，而是全局的。这就需要使用 global 语句来完成这一操作。

5.5 递归

在函数内部，可以调用其他函数。如果一个函数在内部调用自身本身，这个函数就是递归函数。

当计算阶乘 n! = 1*2*3*…*n 时，可用递归函数 factorial(n)表示，代码如下：

```
# 例 5-13
def factorial(n):
    if n==1:
        return 1
    return n * factorial(n - 1)
```

当计算 factorial(4)时，可以根据函数定义写出计算过程，如下。

```
factorial(4)
= 4*factorial(3)
= 4*3*factorial(2)
= 4*3*2*factorial(1)
= 4*3*2*1
= 24
```

图 5-2 展示了该过程。

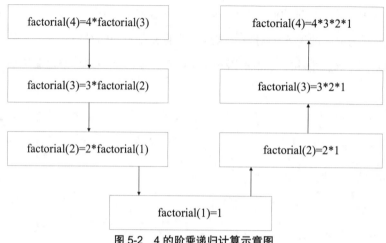

图 5-2　4 的阶乘递归计算示意图

递归函数的优点是定义简单，逻辑清晰。理论上，所有的递归函数都可以写成循环的方式，但循环的逻辑不如递归清晰。

使用递归算法解决问题有如下特点。

（1）每次调用在规模上都有所缩小。

（2）相邻两次重复之间有紧密的联系。

（3）必须有一个明确的递归结束条件，称为递归出口。

使用递归函数时，需要注意防止栈溢出。在计算机中，函数调用是通过栈这种数据结构实现的，每当进入一个函数调用，栈就会加一层栈帧，每当函数返回，栈就会减一层栈帧。由于栈的大小不是无限的，所以，递归调用的次数过多，会导致栈溢出。

本章仅介绍递归算法的简单应用。如果要深入学习递归算法，则需要研究数据结构和算法等知识，这些已经超出了本书的知识范围。

5.6　lambda 表达式

lambda 语句用来创建一个匿名函数，它的标准格式为：

lambda args:expression

其中：args 是一个用逗号分隔开的参数组，expression 是一个调用这些参数的表达式。

```
# 例 5-14
x = lambda a,b:a * b
#得到两数之积

print(x(4,6))
#显示 24
```

使用 lambda 语句后，实际上生成了一个函数对象。该函数的参数为 a 和 b，返回值为 a *
b。将该函数对象赋值给函数名 x。

使用 lambda 语句定义的代码必须是合法的表达式。并且，Python 简单的语法限制了 lambda
函数的定义，因此只能使用纯表达式。换句话说，lambda 函数的定义体中不能赋值，也不能使
用 while、for 和 try 等语句。

5.7　内置函数

除了上面介绍的自定义函数外，Python 本身还内置了许多有用的函数，比如 print()、max()
和 min()等。此外，本节还将介绍三个实用的内置函数。

5.7.1　sorted()函数

sorted()函数的语法格式为：
$$sorted(iterable,key=None,reverse=False)$$
对于 Python 的内置函数 sorted()，可跟列表中的成员函数 list.sort()进行比较。本质上，list
的排序和内置函数 sorted()的排序差不多，连参数都基本上是一样的。主要区别在于，list.sort()
是对已经存在的列表进行操作，是可以改变操作的列表。而内置函数 sorted()返回的是一个新的
列表，而不是在原来的基础上进行操作。

```
# 例 5-15
a =[2,6,9,3,1,8,7]

b = sorted(a)
#调用排序函数

print(b)
#显示[1,2,3,6,7,8,9]
```

也可以利用第二个参数 key 来进行逆序排序，代码如下：

```
#例 5-16
a = [2,6,9,3,1,8,7]

b = sorted (a,key = lambda x:x*-1)
#进行逆序排序

print(b)
#显示[9,8,7,6,3,2,1]
```

例 5-16 即为按照列表 a 中的数值的倒数进行排序，之后按照顺序组成列表 b。

同样也可以通过传入第三个参数 reverse 来实现逆序，代码如下：

```
#例 5-17
a = [2,6,9,3,1,8,7]

b = sorted(a,reverse = True)
#进行逆序排序

print(b)
#显示[9,8,7,6,3,2,1]
```

5.7.2　map()函数

map()函数的语法格式为：

map(function,iterable,...)

map()函数会根据提供的函数对指定序列进行映射。第一个参数 function 将对参数序列中的每一个元素调用 function 函数，返回包含 function 函数每次返回值的新列表，代码如下：

```
# 例 5-18
a = [1,2,3,4,5]

b = list (map (lambda x:x ** 2,a))
#用 list()函数将结果转换为列表

print(b)
#显示[1,4,9,16,25]
```

map()函数也能接受函数对象有多个参数，代码如下：

```
# 例 5-19
a = [1,2,3]
b = [2,0,1]

c = list (map (lambda x,y:x + y,a,b))

print(c)
#显示[3,2,4]
```

5.7.3　zip()函数

zip()函数将可迭代的对象作为参数，将对象中对应的元素打包成一个个元组，然后返回由这些元组组成的对象，这样做的好处是节约了不少内存，代码如下：

```
# 例 5-20
a = [2,1,3]
b = [3,2,2]

c = list (zip (a,b))
```

```
#打包
print(c)
#显示[(2,3),(1,2),(3,2)]
```

5.8　模块和包

较长的 Python 程序基本上都使用模块和包来组织，Python 发行版也包括许多涉及各个领域的模块和包。

5.8.1　模块

为了编写可维护的代码，可以将函数进行分组，分别放到不同的文件里，这样，每个文件包含的代码就相对较少，很多编程语言都采用这种组织代码的方式。在 Python 中，一个.py 文件就称为一个模块。

首先，使用模块的最大好处是大大提高了代码的可维护性；其次，编写代码不必从零开始。当一个模块编写完毕时，就可以被其他地方引用。编写程序的时候，需要经常引用其他模块，包括 Python 内置的模块和来自第三方的模块。

```
# 例 5-21
# Filename:support.py
def say_hello (name):
    print ("Hello:",name)
    return
```

例 5-21 在 support.py 文件中定义了 say_hello()函数，在同一路径下就可执行下列程序。

```
#例 5-22
# Filename:demo1.py
import support
#导入模块
support.say_hello("Tom")
#调用模块里的函数
```

Python 的 from 语句可以从模块中导入一个指定的部分到当前命名空间中。例 5-23 的输出结果与例 5-22 的一致。

```
# 例 5-23
# Filename:demo2.py
from support import say_hello
say_hello("Tom")
#调用函数
```

5.8.2 包

一个需要实际应用的模块，往往会具有很多程序单元，包括变量、函数和类等，如果将整个模块的所有内容都定义在同一个 Python 源文件中，这个文件将会变得非常庞大，显然并不利于模块化开发。

为了更好地管理多个模块源文件，Python 提供了包的概念。那么问题来了，什么是包呢？

从物理上看，包就是一个文件夹，在该文件夹下包含了一个 __init__.py 文件，该文件夹可用于包含多个模块源文件；从逻辑上看，包的本质依然是模块。

多个关系密切的模块应该组织成一个包，以便于维护和使用。这项技术能有效避免命名空间的冲突。创建一个名字为包名字的文件夹并在该文件夹中创建一个 __init__.py 文件，就定义了一个包。之后就可以在该文件夹中存放资源文件、已编译扩展及子包。例如，一个包可能有以下结构。

```
# 例 5-24
Graphics/
    _ _init_ _.py
    Primitive/
        _ _init_ _.py
        lines.py
        fill.py
        text.py
        ...
    Graph2d/
        _ _init_ _.py
        plot2d.py
        ...
    Graph3d/
        _ _init_ _.py
        plot3d.py
        ...
    Formats/
        _ _init_ _.py
        gif.py
        png.py
        tiff.py
        jpeg.py
```

对于包中模块的导入，需要使用点号来表示层级关系。例如，对于 fill 模块的导入，可以通过 import Graphics.Primitive.fill 导入，也可以通过 from Graphics.Primitive import fill 来导入。

本章小结

本章大部分内容是关于如何创建自定义函数的。我们学习了使用 def 语句来创建自己的函数；也深入学习了 Python 函数多种参数类型，包括默认参数、可变参数和关键字参数；还探讨了调用函数时的作用域问题，以及局部变量和全局变量的特点区别；递归函数是一种通过调用自身来完成任务的函数，它有着逻辑简单的优点，但当递归调用次数过多时，会出现栈溢出问题；本章还展示了 lambda 函数的创建方法，它既可以作为匿名函数来使用，也可以作为创建小的单行函数的一种途径；Python 内置了大量函数，同许多的第三方包和模块一起为我们的开发提供了便捷，本章也对这些常用的函数进行了阐述。

尽管 Python 有着数量可观的内置函数，还有一个非常广泛的标准库，但有时我们仍需要编写自己的函数，满足特殊场景的开发要求。

习题

5-1　自定义一个函数并进行调用，其函数功能为打印"Hello World!"。

5-2　编写一个函数，用于输出两个数中较大的那个。

5-3　编写一个函数，求出一个列表中的最大值。

输入输出示例：

输入[4,32,5,61,8]

输出 61

5-4　用递归函数求 $1 + 2 + 3 + \cdots + n$ 的和，n 为正整数。

输入输出示例：

输入 5

输出 15

5-5　用递归函数求一个多位数的各个位上的值的和。

输入输出示例：

输入 345

输出 12

5-6　编写一个函数，找出传入函数的列表或元组的奇数位对应的元素，并组合成一个新的列表进行返回。

输入输出示例：

输入[4,6,8,10,12]

输出[4,8,12]

5-7 用 map()函数求两个等长列表对应元素的积。

输入输出示例：

输入[2,3,4]，[1,2,3]

输出[2,6,12]

5-8 编写一个函数，找出大于传入列表的平均值的元素，并组合成一个新的列表进行返回。

输入输出示例：

输入 [4, 6, 8, 10]

输出 [8, 10]

5-9 编写一个函数 prime(n)，对于已知正整数 n，判断该数是否为素数，如果是素数，返回 True，否则返回 False。

输入输出示例：

输入 5

输出 True

5-10 编写一个函数 fibonacci(n)求斐波那契数列，其中参数 n 代表第 n 次的迭代。斐波那契数列指的是这样一个数列：1，1，2，3，5，8，13，21，34，55，89...。这个数列从第 3 项开始，每一项都等于前两项之和。

输入输出示例：

输入 8

输出 21

5-11 编写一个函数 euclidean(x,y,z)求任一点距离原点的欧氏距离，欧氏距离定义如下：三维空间里点 a 和 b 的坐标如果分别为 $a(x_1, y_1, z_1)$ 和 $b(x_2, y_2, z_2)$，则 ab 的欧氏距离的计算公式是

$$\sqrt{(x_1 - x_2)^2 + (y_1 - y_2)^2 + (z_1 - z_2)^2}$$ 。

输入输出示例：

输入 1.0,1.0,1.0

输出 1.73

5-12 编写一个函数 leap(y)判断闰年。

满足闰年的条件为：能被 4 整除，但不能被 100 整除或者能被 400 整除。

输入输出示例：

输入 1996

输出 True

第 6 章　Python 面向对象

Python 面向对象（Object Oriented）指用 Python 来实现面向对象的软件开发方法。所谓面向对象指将实际生活中的事和物对象化，通过类、封装、继承等概念来描述事物。面向对象的开发方法更利于以人理解的方式对复杂系统进行分析、设计与编程，能有效提高编程的效率。并且，通过封装技术与消息机制可以快速开发出一个全新的系统。在 Python 中，实现面向对象开发的技术主要有类（class）、类属性、数据成员、方法重写、局部属性、实例属性、继承、方法、对象等。

6.1　面向对象的概念

面向对象的概念是在面向过程设计方法出现诸多问题的情况下应运而生的。而面向过程的编程方法由来已久，早期的 Basic 和 Pascal 都是以面向过程的方法开发的编程语言。这种方式非常直观，以问题的解决过程为基础，逐行逐步地写出实现方法。例如，将某事物从 A 点移到 B 点，在面向过程的方法中，需要编写或修改该事物的坐标，为其塑造一条从 A 到 B 的路径，逐格地让它进行移动。而在面向对象的方法中，只需要操作该事物的对象，告诉它你需要从 A 点移动到 B 点，至于具体是怎样移动的，外部并不关心，只有该对象本身才知道。

面向对象主要通过封装、继承和多态来实现的。封装有两个含义：一个含义是把对象的属性和行为看成一个密不可分的整体，再将两者"封装"在一个不可分割的独立单元（对象）中；另一个含义则是指"信息隐藏"，把不需要让外界知道的信息隐藏起来，有些对象的属性和行为可以被外界知晓与使用，但不可被更改，有些属性或行为不可被外界知晓。通过封装，能实现减少耦合、自由修改类内部结构、精确控制成员属性、隐藏信息、实现细节等功能。继承是面向对象编程的基石与多态的前提。当多个类中存在相同的属性和行为时，可将这些内容抽象到另一个单独的类中，那么多个类就不需要再定义这些属性和行为，只需要继承那个类即可。例如猫和狗对象中，相同的属性和行为就可以再抽象成动物类，然后将猫和狗分别继承动物类。多态是指同一种行为具有多种不同表现形式或形态的能力。如在一个类中，方法重载允许多个方法使用同一个名字，但方法的参数不同，完成的功能也不同。对象多态则是在子类继承父类时可重写父类的方法，实现不同的功能。

6.2 类与实例

本节编写一些类并创建其实例。并观察实例中存储的信息和实例执行的操作。同时，编写类来扩展既有类的功能，让相似的类能够高效地共享代码。将编写的类存储在模块中或导入其他的外部类。

6.2.1 类的定义

Python 通过关键字 class 来定义类。下面通过一段简单的 Python 代码来了解类的相关概念。

在下面展示的 Myclass.py 代码中，我们用关键字 class 定了 MyClass 类，其中"MyClass"为类名，冒号（:）后缩进的内容都在这个类的空间中。使用"类名.属性"或"类名.方法名"能够合法访问相应的内容。

```python
class MyClass:
    '''A sample class'''
    i = 12345678
    def f(self):
        return 'Hello world'
print(MyClass.i)
print(MyClass.f)
print(MyClass.__doc__)
```

上述示例代码运行后的输出结果为：

```
12345678
<function MyClass.f at 0x000000000263B0D0>
A sample class
```

值得注意的是，在输出语句中并没有实例化该类的对象，而是直接使用类名进行访问。当然，这并非意味着实例化对象不能访问类的属性和方法。接下来分别对 MyClass 类进行解析，第 2 行语句中使用一对三引号限定的内容称为该类的文档，主要用于解释说明该类，可以使用"类名.__doc__"进行访问，其中"__doc__"是 Python 自带的特殊属性，后续我们还会见到其他特殊属性和特殊方法，它们都是以双下划线"__"开头和结尾。

在类"MyClass"类中，"i = 12345678"表示定义了类的属性 i，并且它的值为 12345678。该属性直接定义在类中，与 Java 中的静态成员属性类似，属于类的属性。该属性不仅可以直接通过类名进行访问，而且，一旦被修改，所有实例中该属性也会被修改，代码如下所示：

```python
class MyClass:
    '''A sample class'''
    i = 12345678
```

```
    def f(self):
        return 'Hello world'
x1 = MyClass()
x2 = MyClass()
print(f'x1.i的值为：{x1.i}')
print(f'x2.i的值为：{x1.i}')
MyClass.i = 87654321
print(f'x1.i的值为：{x1.i}')
print(f'x2.i的值为：{x1.i}')
```

以上程序的输出结果为：

```
x1.i的值为：12345678
x2.i的值为：12345678
x1.i的值为：87654321
x2.i的值为：87654321
```

需要注意的是，修改方式为"类名.属性名=值"，如果用"实例名.i"，则只会修改当前对象，如 x1 或 x2 的属性值。一般来说，Python 中没有类似 C/C++或 Java 中的 private 或 public 等属性声明语句，所以成员属性与成员方法都是默认公开的，如果想定义私有属性，则需要在该属性名前加上单下划线"_"或双下划线"__"。其中单下划线表示该属性仅允许类实例和子类实例能访问，并且它的方法不能被"from module import *"导入。双下划线则表示该属性为私有属性，仅允许类对象访问。但 Python 并没有实现绝对的私有化，因此我们仍可以通过"实例._类名__方法名"或"实例._类名__属性名"来访问。"MyClass"中，第 4 行语句定义了一个名为 f 的类成员方法，该方法返回一个"Hello world"字符串。与普通的 Python 方法不同，类成员方法的形参有一个必不可少的形参 self，它必须位于其他形参之前。原因是 Python 在创建类的实例时，将自动传入形参 self。该形参表示一个指向本身的引用，让实例能够访问类中的成员属性和方法，其语法格式为：

实例名.方法名(实参列表)

示例代码如下：

```
class MyClass:
    '''A sample class'''
    i = 12345678
    def f(self):
        return 'Hello world'
x1 = MyClass (1234567)
print(x1.f())
```

注意：在调用方法的时候，不需要指定 self 的实参，输出结果如下：

```
Hello world
```

对于成员属性，在 C++和 Java 中，通常的做法是写一个构造函数来为其赋初值，并且为每个成员属性使用 set/get 方法来设置和获取属性的值。而成员属性通常是类的私有属性，外部不能直接访问。相对而言，Python 并没有实现绝对的私有，且我们可以用类的属性装饰器来达到这个目的。下面跟随一个 Car 类的例子来了解 Python 中类的构造方法及属性的访问设置。

```python
class Car(object):
    def __init__(self,age,color,gas = 10):    #构造方法
        self.__gas = gas                       #私有属性
        self._age = age                        #保护属性
        self.color = color                     #实例属性
    @property
    def gaso(self):
        return self.__gas
    @gaso.setter
    def gaso(self,n):
        self.__gas += n
honda = Car(2,"red")
print(f'属性__gas 的值为：{honda.gaso}')
honda.gaso = 60
print(f'属性__gas 的值为：{honda.gaso}')
```

代码中的"__init__"方法是 Python 中类的特殊方法，其名称不能随意变动，它主要对类的属性进行初始化操作。在该方法中定义了三个属性，其中第一个属性"gas"以双下划线开头，表示这是一个私有属性，第二个属性"age"以单下划线开头，表示它为一个受保护的属性，而最后一个属性"color"则表示其为实例属性。它们分别被"__init__"方法除 self 外的实参赋值。如在第 12 行中将实例化了一个"honda"对象，其属性分别为 10，2，"red"。下一节我们将更详细地介绍类对象的实例化。这里我们更关注的是，通过装饰器"@property"和"@方法名.setter"对类属性进行 set/get 访问。在第 6 行中，我们对方法 gaso 添加了"@property"装饰器，这使得该方法能够像成员属性一样被访问，如第 15 行所示。在第 9 行的 gaso 方法被装饰器"@gaso.setter"标记后，可以被第 14 行所示的赋值语句对属性"__gas"进行设置。该代码的运行结果如下所示：

```
属性__gas 的值为：10
属性__gas 的值为：70
```

6.2.2 类的实例

在 Python 中，通过语句"对象名=类名（参数）"来实例化一个对象，Python 会自动调用"__init__"方法对该对象的属性进行初始化赋值。以上面的"Car.py"为例，第 12 行语句处 Python 使用实参"2"、"red"和默认值"10"并调用"__init__"方法创建一个对象，将实参传递到"__init__"并对其属性 gas、age 和 color 进行初始化，最后将这个实例给变量 honda。可以通过该对象实例来访问 Car 类的方法和属性。由于 gas 属性是私有的，并且这里采用装饰器定义它的

set/get 方法，因此访问和设置与其他两个属性有所不同，我们先来看 age 与 color 变量的访问，代码如下：

```
class Car(object):
    --snap--

honda = Car(2,"red")
print(f'属性 age 的值为：{honda._age}')
print(f'属性 color 的值为：{honda.color}')
结果为：
属性 age 的值为：2
属性 color 的值为：red
```

对于私有变量 gas，我们在上面已经展示了一种使用装饰器对其进行访问和设置。这里将展示另一种方法，即"实例._类名__属性名"的方式，代码如下：

```
class Car(object):
    --snap--

honda = Car(2,"red")
print(f'属性 age 的值为：{honda._age}')
print(f'属性 color 的值为：{honda.color}')
print(f'属性 color 的值为：{honda._Car__gas}')
```

以上程序的运行结果如下：

```
属性 age 的值为：2
属性 color 的值为：red
属性 color 的值为：10
```

成员方法的调用方法与属性访问一致，采用"对象名.方法(参数)"即可，代码如下：

```
class Car(object):
    --snap--
    def move(self):
        print('汽车正在行驶')
honda = Car(2,"red")
honda.move()
```

以上程序的运行结果如下：

```
汽车正在行驶
```

6.3　封装

所谓封装，即是对具体对象的一种抽象，将某些部分隐藏起来，使在程序外部无法看到或访问。要了解封装，就要理解"私有化"和作用域的概念。在上一节中，我们已经对"私有化"

这个概念有了初步的认识，即 Python 中没有绝对的私有化。它是通过在属性名前面添加双下划线这种更换属性名的方式来达到私有的目的，并非意味着无法通过一些手段来访问该属性或方法。作用域则是针对命名空间而言，指的是一段代码中可直接访问的命名空间。

6.3.1 命名空间

命名空间（namespaces）是从名称到对象一种映射，在 Python 中，大多数命名空间都是通过字典来实现的。命名空间是在项目中避免名字冲突的一种方法。各个命名空间是独立的，没有任何关系，所以一个命名空间中不能有重名，但不同的命名空间是可以重名的且没有任何影响。Python 的命名空间按照变量定义的位置，可划分为以下三类。

（1）Bult-in names（内置命名空间）：Python 自带的内建变量所在的空间，包括一些内置函数和内置的异常名。

（2）Global names（全局命名空间）：每个模块加载执行时创建的，记录了模块中定义的变量，包括模块中定义的函数、类、其他导入的模块、模块级的变量与常量。

（3）Local names（局部命名空间）：每个函数、类所拥有的命名空间，记录了函数、类中定义的所有变量。

一个对象的属性集合，也构成一个命名空间。不同的命名空间拥有不同的生命周期，它取决于对象的作用域，如果对象执行完成，则结束该命名空间的生命周期。

（1）内置命名空间在 Python 解释器启动时创建，解释器退出时销毁。

（2）全局命名空间在模块被解释器读入时创建，解释器退出时销毁。

（3）局部命名空间要区分函数以及类定义：

① 函数的局部命名空间，在函数调用时创建，函数返回结果或抛出异常时被销毁（每一个递归函数都拥有自己的命名空间）。

② 类定义的命名空间，在解释器读到类定义（class 关键字）时创建，类定义结束后销毁。

6.3.2 作用域

作用域实际上是指命名空间在程序里的可应用范围，或者是 Python 程序（文本）的某一段或某几段，在这些地方，某个命名空间中的名字可以被直接引用。这部分程序就是这个命名空间的作用域。只有函数、类、模块会产生新的作用域，代码块（例如 if、for 代码块）不会产生新的作用域。另外，Python 中变量的作用域是由它在源代码中的位置决定的。由一个赋值语句引进的名字在这个赋值语句所在的作用域里是可见（起作用）的，而且在其内部嵌套的每个作用域内也可见。关于作用域，我们需要了解的是，程序在查找某个命名时采取的搜索策略是什么。

（1）Innermost，首先搜索包含局部名字的最内层作用域，如函数/方法/类的内部局部作用域。

（2）Enclosing，根据嵌套层次从内到外搜索，包含非局部（nonlocal）非全局（nonglobal）名字的任意封闭函数的作用域。如两个嵌套的函数，内层函数的作用域是局部作用域，外层函数的作用域就是内层函数的 Enclosing 作用域。

（3）Global，倒数第二次被搜索，包含当前模块全局名字的作用域。

（4）Built-in，最后被搜索，包含内置命名的最外层作用域。

Python 按照以上顺序依次在四个作用域搜索某个命名，如果没有搜到，Python 将抛出 NameError 异常。所以在局部作用域中，可以访问局部作用域、嵌套作用域、全局作用域、内置作用域中所有定义的变量。在全局作用域中，可以访问全局作用域、内建作用域中的所有定义的变量，而无法访问局部作用域中的变量。

在 Python 中，如果想改变一个变量的作用域，则可以使用 global 与 nonlocal 关键字，如下面的代码将输出 1 和 2：

```
i = 1
def func():
    global i
    print(i)   #输出 1
    i = 2
func()
print(i)     #输出 2
```

以上代码说明，如果想在函数中修改全局变量，则只需要将该变量用 global 进行修饰。另一个关键字 nonlocal 的作用与 global 的类似，但 nonlocal 关键字的作用是在一个嵌套的函数中修改嵌套作用域中的变量。两者的功能有所不同：global 关键字修饰变量后标识该变量是全局变量，若再对该变量进行修改，则是修改全局变量；而 nonlocal 关键字修饰变量后标识该变量是上一级函数中的局部变量，如果上一级函数中不存在该局部变量，则 nonlocal 位置会发生错误。示例代码如下：

```
i = 0
def f1():
    i = 1
    def f2():
        nonlocal i
        print(i)     #输出 1
        i = 2
    f2()
    print(i)
f1()       #输出 2
```

上述代码的输出结果为：

```
1
2
0
```

6.4　继承

编写类时，并非一定从空白开始。如果编写的类是另一个现成类的特殊版本，则可以利用Python 的继承机制。这个现成的类称为父类，而特殊的版本类称为子类。子类在继承父类时将自动获得父类所有的属性与方法，并且可以定义自己的属性与方法。

6.4.1　继承的定义

Python 中，子类继承父类的语法格式为：

class　子类名(父类名):

示例代码如：

```
class Son(Father):
   <statement>
```

要注意的是，必须在子类的作用域中定义父类的名称，否则将会出现"NameError"异常。如果父类在某个模块中定义，可以使用"."表达式来表示父类名称，示例代码如下：

```
class Son(module.Father):
   <statement>
```

Python 中有两个内置函数用于判断对象是否继承自其他类。第一个函数为 isinstance()，它能检测一个对象是否是某个类的实例，如当 obj 对象是 int 类型时，isinstance(obj, int)将输出 True。另一个函数为 issubclass()，它能检测一个类是否继承自另一个类，如 issubclass(bool, int)将输出 True，这是由于 bool 类型继承自 int，而 issubclass(float, int)则是 False，原因是 float 不是 int 的子类。

Python 也支持多继承的形式，其语法格式为：

class Son(Base1, Base2, … , Base3):
<statement>

简单情况下，可以将从父类继承的属性的搜索视为从左到右的深度优先，而不是在层次结构中存在重叠的同一类中搜索两次。因此，如果在子类中找不到属性，则在 Base1 中搜索该属性，然后（递归地）在 Base1 的基类中搜索该属性，如果在 Base1 及其基类中均无法找到该属性，则在 Base2 中搜索该属性，依此类推。

6.4.2　方法的继承与重写

在父类的基础上编写新类时，子类会获得父类的所有属性与方法，包括构造方法，代码如下所示：

```
class Father:
  def _ _init_ _(self,name):
    self.name = name
    print (f"name:{self.name}")
  def getName(self):
    return 'Father' + self.name
class Son(Father):
  pass
son = Son('runoob')
print (f'Son {son.getName()}')
```

由于子类继承了父类的 name 属性和 getName 方法，所以子类可以调用父类的方法和属性，上述代码的运行结果如下：

```
name:runoob
Son Father runoob
```

从以上代码可以看到，在 Son 中没有写任何代码，但它可以调用父类的 name 属性和 getName 方法。这就是 Python 中类继承的特性。当然，我们也可以重写父类的方法，如将 getName 重写为返回 "'Son'+self.name"，具体代码如下：

```
class Father:
  def __init__(self,name):
    --snap--
class Son(Father):
  def getName(self):
    return 'Son'+self.name
son = Son('runoob')
print (son.getName())
```

上述代码的运行结果如下：

```
name:runoob
Son runoob
```

一般来说，子类相比父类来说，属性和方法都会有一定的差异，因此，通常我们需要重写子类的构造方法，即 "_ _init_ _()"，在重写构造方法的同时，也需要对父类的属性进行初始化，好的做法是调用父类的构造方法的同时，为自身的特有属性进行初始化。

最开始我们创建了一个汽车类，现在让我们完善汽车类的定义，并创建一个电动汽车的子类继承汽车类。在子类构造方法中调用父类构造方法的语法格式为：

　　　　　super(子类名，self)._ _init_ _(参数 1，参数 2，....)

示例代码如下：

```
class Car:
    """一次模拟汽车的简单尝试。"""
    def __init__(self,make,model,year):
        self.make = make
        self.model = model
        self.year = year
        self.odometer_reading = 0
    def get_descriptive_name(self):
        long_name = f"{self.year}{self.make}{self.model}"
        return long_name.title()
    def read_odometer(self):
        print(f"This car has {self.odometer_reading} miles on it.")
    def update_odometer(self,mileage):
        if mileage >= self.odometer_reading:
            self.odometer_reading = mileage
        else:
            print("You can't roll back an odometer!")
    def increment_odometer(self,miles):
        self.odometer_reading += miles
class ElectricCar(Car):
    """电动汽车的独特之处。"""
    def __init__(self,make,model,year):
        """初始化父类的属性。"""
        super(ElectricCar, self).__init__(make,model,year)
my_tesla = ElectricCar(Tesla','Model S',2022)
print(my_tesla.get_descriptive_name())
```

在 Python 中，super()是一个特殊方法，能够让你调用父类的方法，父类也被称为超类，这就是 super 名称的由来。为测试继承能够正确地发挥作用，我们创建了一辆电动汽车，并且提供的信息与创建普通汽车的相同。调用 ElectricCar 类中定义的__init__()方法，后者让 Python 调用父类 Car 中定义的__init__()方法。我们提供了实参'Tesla'、'Model S'和 2022。在子类 ElectricCar 的构造方法中，我们并没有定义其他独特的属性和方法，因此上述代码的输出结果如下：

```
2019 Tesla Model S
```

接下来让电动汽车类拥有它的特殊属性，即电瓶容量，以及一个打印该属性的方法，代码如下：

```
class Car:
    """一次模拟汽车的简单尝试。"""
    --snap--
class ElectricCar(Car):
    """电动汽车的独特之处。"""
    def __init__(self,make,model,year):
        """
        初始化父类的属性。
        再初始化电动汽车的特有属性。
        """
```

```
    super(ElectricCar,self).__init__(make,model,year)
    self.battery_size = 75
  def describe_battery(self):
      """打印一条描述电瓶容量的消息。"""
      print(f"This car has a {self.battery_size}-kWh battery.")
my_tesla = ElectricCar('Tesla','Model S',2022)
print(my_tesla.get_descriptive_name())
my_tesla.describe_battery()
```

上面的代码中，在 ElectricCar 类中添加了新的属性 battery_size 并设置其值为 75。该属性只存在于子类中，而父类 Car 中没有该属性。同时，ElectricCar 中还添加了只属于该类的 describe_battery()方法用于显示电瓶容量。因此，以上代码的运行结果如下：

```
2022 Tesla Model S
This car has a 75-kWh battery.
```

对于父类的方法，只要它不符合子类的行为，都可以进行重写。为此，可在子类中定义一个与要重写的父类方法同名的方法。这样，Python 将不会考虑这个父类方法，而只关注你在子类中定义的相应方法。当我们描述电动汽车类的细节越来越详细时，属性和方法以及代码长度会越来越长，因此，可以把一些属性和方法再抽象出一个新的类来。例如，不断给 ElectricCar 添加细节时，发现其中很多属性和方法都是针对电池。因此，我们可以新定义一个电池类 Battery，此时，有两种方法将电池类包含至 ElectricCar 类中，第一种方法为将 Battery 类对象作为 ElectricCar 的一个属性，第二种方法为将 ElectricCar 类通过多继承的方式同时获得 Car 与 Battery 的属性和方法，具体代码如下所示：

```
class Car:
    """一次模拟汽车的简单尝试。"""
    --snap--
class Battery:
    def __init__(self,battery_size = 75):
        """初始化电瓶的属性。"""
        self.battery_size = battery_size
    def describe_battery(self):
        """打印一条描述电瓶容量的消息。"""
        print(f"This car has a {self.battery_size}-kWh battery.")
class ElectricCar(Car,Battery):
    """电动汽车的独特之处。"""
    def __init__(self,make,model,year,battery):
        """
        初始化父类的属性。
        再初始化电动汽车的特有属性。
        """
        Car.__init__(self,make,model,year)
        Battery.__init__(self,battery)
my_tesla = ElectricCar('Tesla','Model S',2022,95)
print(my_tesla.get_descriptive_name())
my_tesla.describe_battery()
```

从以上代码可以看到,我们使用了第二种方法来调用父类的构造方法,原因是在多继承时,super 只能调用第一个类的构造方法,而我们调用多个父类的构造方法时采用了"类名.__init__(self,参数 1,参数 2,...)"的形式。这里 ElectricCar 将会同时继承 Car 与 Battery 的方法。在测试中,我们分别调用了 Car 类中的 get_descriptive_name()方法和 Battery 类中的 describe_battery()方法,其输出结果为:

```
2022 Tesla Model S
This car has a 95-kWh battery.
```

6.5 多态

前面我们已经详细介绍了类的方法重写来实现 Python 中的多态,这里主要介绍一些 Python 内置的特殊方法的重写,通过这些方法的重写,可以实现更多的功能。

6.5.1 特殊方法

我们已经见过了两种类的特殊方法和属性"__doc__"与"__init__",它们分别表示类的文档信息和构造方法,本节将再介绍几种特殊方法,代码如下:

```
class Car(object):
    --snap--

honda = Car(2,"red")
print(honda.__module__)      # 输出 lib.aa,即输出模块
print(honda.__class__)       # 输出 lib.aa.C,即输出类
```

这里的"__module__"与"__class__"分别表示输出当前对象所属模块与类,结果如下:

```
__main__
<class '__main__.Car'>
```

同样地,Python 中也有析构函数"__del__",具体代码如下:

```
class Car(object):
    --snap--
    def __del__(self):
        print('对象删除')
honda = Car(2,"red")
del(honda)
对象删除
```

特殊方法"__call__"可以让对象以类似普通方法的形式调用,如"对象名(参数)",具体代码如下:

```
class Car(object):
    --snap--
```

```
    def _ _call_ _(self):
        print('Call 函数调用')
honda = Car(2,"red")
honda()
Call 函数调用
```

特殊方法 "_ _str_ _" 将在对象被 print 输出或使用 str() 进行类型转换的时候调用，具体代码如下：

```
class Foo:

    def _ _str__(self):
        return 'Foo'

obj = Foo()
print(obj)
print(str(obj))
Foo
Foo
```

另一种特殊方法 "_ _repr_ _" 也能实现与上述类似的功能。

特殊方法 "_ _dict_ _" 能查看类的所有属性，并且可以根据需要使用 "类名._ _dict_ _" 来查看类属性，使用 "实例名._ _dict_ _" 来查看实例所有的属性，代码如下：

```
class Car:
    --snap--
class Battery:
    --snap--
class ElectricCar(Car,Battery):
    --snap--
my_tesla = ElectricCar('Tesla', 'Model S', 2022, 95)
print(ElectricCar._ _dict_ _)
print(my_tesla._ _dict_ _)
{'_ _module_ _': '_ _main_ _', '_ _doc_ _': '电动汽车的独特之处。', '_ _init_
_': <function ElectricCar._ _init_ _ at 0x0000000002620820>}
{'make': 'Tesla', 'model': 'Model S', 'year': 2022, 'odometer_reading': 0,
'battery_size': 95}
```

另外还有三种特殊方法 _ _getitem_ _、_ _setitem_ _、_ _delitem_ _，它们用于索引操作，可以对数据进行获取、设置和删除，通常用于一些可迭代有索引的对象，如列表、字典等。

6.5.2　运算符重载

Python 中，运算符重载可使类的对象之间使用普通的运算符，如加、减、乘、除等进行计算。使用运算符重载能够让程序简洁、易读，同时对自定义的对象运算符赋予新的规则，进一步体现了面向对象多态的特性。

Python 中几乎所有的运算符都能够被重载，本节以几种常见的典型运算符重载示例来展示其使用方法与规则。一般的算术运算符包括加、减、乘、除、整除、取模和幂运算。这些运算符的方法名则分别为_ _add_ _(self,rhs)、_ _sub_ _(self,rhs)、_ _mul_ _(self,rhs)、_ _truediv_ _(self,rhs)、_ _floordiv_ _(self,rhs)、_ _mod_ _(self,rhs)、_ _pow_ _(self,rhs)。例如，我们利用运算符重载实现自定义的列表运算，具体代码如下：

```python
class Mylist:
    def _ _init_ _(self, iterable = ()):
        self.data = list(iterable)
    def _ _repr_ _(self):
        return f'Mylist({self.data})'
    def _ _add_ _(self, lst):
        return Mylist(self.data + lst.data)
    def _ _mul_ _(self, rhs):
        # rhs 为 int 类型，不能用 rhs.data
        return Mylist(self.data * rhs)
L1 = Mylist([1, 2, 3])
L2 = Mylist([4, 5, 6])
L3 = L1 + L2
print(L3)
L4 = L2 + L1
print(L4)
L5 = L1 * 3
print(L5)
```

其输出结果如下：

```
Mylist([1, 2, 3, 4, 5, 6])
Mylist([4, 5, 6, 1, 2, 3])
Mylist([1, 2, 3, 1, 2, 3, 1, 2, 3])
```

上述代码中，如果想定义一种不同于普通列表相加的加法，如 L1+L2 表示把 L1 中每一个元素加上 L2 中对应的元素，则可以将"_ _add_ _()"方法定义如下：

```python
def _ _add_ _(self, lst):
    r=[]
    if len(self.data)==len(lst.data):
        for i in range(len(self.data)):
            r.append(self.data[i]+lst.data[i])
    return Mylist(r)
```

此时再运行先前的代码，将得到如下所示结果：

```
Mylist([5, 7, 9])
Mylist([5, 7, 9])
Mylist([1, 2, 3, 1, 2, 3, 1, 2, 3])
```

除了一般的算术运算符外，最常见的为比较运算符的重载，在 Python 中，可以通过重载以下方法来实现对象间的关系，如小于、小于等于、大于、大于等于、等于、不等于运算操作：

__lt__(self,rhs)、__le__(self,rhs)、__gt__(self,rhs)、__ge__(self,rhs)、__eq__(self,rhs)、__ne__(self,rhs)。

本章小结

　　Python 本身就是一种面向对象的程序设计语言。本章我们从面向对象编程方法入手，学习了 Python 中面向对象的概念、类的定义与实例化对象，同时也详细阐述了面向对象的一些特性，包括类的封装、继承及多态的实现手段。

习题

　　6-1　面向对象的三大特性各有什么用处，说说你的理解。

　　6-2　类的属性和对象的属性有什么区别?

　　6-3　编写一个学生类，要求有一个计数器的属性，统计总共实例化了多少个学生。

　　6-4　编写程序，A 继承了 B，两个类都实现了 handle 方法，在 A 中的 handle 方法中调用 B 的 handle 方法。

　　6-5　编写一个平面 Point 类，并实现如下功能。

　　（1）重写__str__方法，实现用 print 语句输出该点当前所在坐标。

　　（2）给定坐标 x，y，实现将该点移动到 x，y 的位置。

　　（3）计算该点与另一个点的距离。

　　6-6　编写一个矩形类，采用__init__方法初始化其长与宽，提供两种方法分别用于计算周长与面积。

　　6-7　编写并执行以下代码，观察并解释结果。

```
class Dog(object):
  def _ _init_ _(self,name):
     self.name = name
  @property
  def eat(self):
     print(" %s is eating" %self.name)
d = Dog("ChenRonghua")
d.eat()
```

6-8　创建一个名为 User 的类，其中包含属性 first_name 和 last_name，以及用户的性别、年龄、体重、身高、职业等其他属性。在类 User 中定义一种名为 describe_user() 的方法，用于打印用户信息摘要。再定义一种名为 greet_user()的方法，用于向用户发出个性化的问候。创建多个表示不同用户的实例，并对每个实例调用上述两种方法。

6-9　管理员是一种特殊的用户。编写一个名为 Admin 的类，让它继承习题 6-8 中编写的 User 类。添加一个名为 privileges 的属性，用于存储一个由字符串（如"can add post"、"can delete post"、"canban user"等）组成的列表。编写一个名为 show_privileges()的方法，显示管理员的权限。创建一个 Admin 实例，并调用这个方法。

第 7 章　Python 高级特性

在 Python 中，代码不是越多越好，而是越少越好。代码不是越复杂越好，而是越简单越好。基于这一思想，本章将介绍 Python 中非常有用的高级特性，一行代码即能实现多行代码的功能。

7.1　集合数据操作

7.1.1　切片

在利用 Python 解决各种实际问题的过程中，经常会遇到从某个对象中抽取部分值的情况，切片操作正是专门用于完成这一操作的有力武器。理论上，只要条件表达式得当，可以通过单次或多次切片操作实现任意切取目标值。

切片操作的基本语法比较简单，但如果不彻底搞清楚内在逻辑，也极容易产生错误，而且这种错误有时隐蔽得比较深，难以察觉。

切片操作基本表达式为：

$$object[start\_index:end\_index:step]$$

各参数说明如下。

step：正负数均可，其绝对值大小决定了切取数据时的"步长"，而正负号决定了"切取方向"，正表示"从左往右"取值，负表示"从右往左"取值。当 step 省略时，默认为 1，即从左往右以增量 1 取值。

start_index：表示起始索引（包含该索引本身），该参数省略时，表示从对象"端点"开始取值，至于是从"起点"还是从"终点"开始，则由 step 参数的正负号决定，step 为正从"起点"开始，为负从"终点"开始。

end_index：表示终止索引（不包含该索引本身），该参数省略时，表示一直取到数据"端点"，至于是到"起点"还是到"终点"，同样由 step 参数的正负号决定，step 为正时直到"终点"，为负时直到"起点"。

代码如下：

```
#例 7-1
a = [1,2,3,4,5,6,7,8,9]

print(a[1])
#显示 2
print(a[-3])
#显示 7
print(a[0:3])
#显示[1,2,3]
print(a[0:3:-1])
#显示[]
print(a[6 : : -1])
#显示[7,6,5,4,3,2,1]
print(a[ : : 2])
#显示[1,3,5,7,9]
print(a[1 : : 2])
#显示[2,4,6,8]
print(a[:8][2:5][-1:])
#显示[5]
```

以上代码中，a[1]表示在列表中取索引为 1 时对应的值；a[-3]表示在列表中取倒数第 3 个索引对应的值；a[0:3]表示在列表中从左往右取索引为 0 到索引为 2 相对应的值；a[0:3:-1]的 step 为-1，决定了从右向左的切片次序，而 start_index＝0 到 end_index＝3 决定了从左往右取值，两者矛盾，故输出为空列表，说明没取到数据；a[6 : : -1]的 step 为-1，从右往左取值，表示从 start_index 为 6 开始，一直取到"起点"；a[: : 2]的 step 为 2，表明从左往右以步长为 2 进行取值，对应到本例 a 列表，则是输出奇数构成的列表；a[1 : : 2]的 step 为 2，表明从左往右以步长为 2 进行取值，而 start_index＝1，表明从索引为 1 处开始往后取值，对应到本例 a 列表，则是输出偶数构成的列表。

a[:8][2:5][-1:]则是用到了连续切片，它相当于：

a[:8]=[1,2,3,4,5,6,7,8]

a[:8][2:5]=[3,4,5]

a[:8][2:5][-1:] = [5]。

理论上，可无限次连续切片操作，只要上一次返回的依然是非空可切片对象。

7.1.2 迭代

在 Python 中，如果给定一个列表或元组，则可以通过 for 循环来遍历这个 list 或 tuple，这种遍历我们称为迭代。

　　Python 的 for 循环不仅可以作用在列表或元组上，还可以作用在其他任何可迭代对象上。因此，迭代操作就是作用于一个集合上，无论该集合是有序的还是无序的，我们用 for 循环总是可以依次取出集合的每一个元素。

　　列表这种数据类型虽然有下标，但很多其他数据类型是没有下标的。在 Python 中，只要是可迭代对象，无论有无下标都可以迭代，比如例 7-2 的字典。

```
#例 7-2
dic = {'x':5,'y':10,'z':15}

for key in dic:
    print(key)
#显示 x y z，次序可能不一致
```

　　因为字典的存储不是按照列表的方式进行顺序排列，所以迭代出的结果顺序很可能不一样。

　　我们已经了解了字典对象本身就是可迭代对象，用 for 循环可以直接迭代字典，可以每次拿到字典的一个 key。

　　如果我们希望迭代字典对象的 value，应该怎么做？

　　字典对象有一个 values() 方法，这个方法可以把字典转换成一个包含所有 value 的列表，之后，迭代的就是字典的 value 了。

```
#例 7-3
d = {'Tom':66,'Jerry':77,'Mike':88}

for v in d.values():
    print (v)
#显示 66 77 88
```

　　我们了解了如何迭代字典的 key 和 value，那么，在一个 for 循环中，能否同时迭代 key 和 value 呢？答案是肯定的。

　　只需要借助 items() 方法将字典对象转换成包含元组的列表，我们对这个列表进行迭代，就可以同时迭代 key 和 value，代码如下：

```
#例 7-4
d = {'Tom':66,'Jerry':77,'Mike':88}

for key,value in d.items():
    print (key,value)
```

　　借助字典的 items() 方法，即可将 key 和 value 同时进行迭代。

7.2 生成式与生成器

7.2.1 列表生成式

列表生成式是 Python 内置的非常简单也非常强大的可以用来创建列表的生成式。

要生成列表[1,2,3,4,5,6,7,8,9,10]，可以用 list(range(1,11))来实现，代码如下所示：

```
#例 7-5
print(list(range(1,11)))
#[1,2,3,4,5,6,7,8,9,10]
```

如果要生成[1x1,2x2,3x3,...,10x10]，按照目前已掌握的知识，只能这么做，代码如下所示：

```
#例 7-6
L = []

for x in range(1,11):
    L.append(x * x)

print(L)
#[1,4,9,16,25,36,49,64,81,100]
```

但是循环太烦琐，而列表生成式则可以用一行语句代替循环生成上面的 list，代码如下所示：

```
#例 7-7
print([x * x for x in range(1,11)])
#[1,4,9,16,25,36,49,64,81,100]
```

写列表生成式时，把要生成的元素 x * x 放到前面，后面跟 for 循环，就可以把列表创建出来，十分方便。

for 循环后面还可以加上 if 判断，这样我们就可以对生成的列表进行一定的筛选，代码如下所示：

```
#例 7-8
print([x * x for x in range(1,11) if x % 2 == 0])
#[4,16,36,64,100]
```

例 7-8 就是筛选出了偶数的平方，并构成一个列表。需要注意的是，在对列表生成式进行数据筛选时，只能使用 if 来进行判断，不能在后面添加 else 进行双分支判断。

还可以使用两层循环，生成全排列，代码如下所示：

```
#例 7-9
print([x + y for x in '123' for y in 'ABC'])
#['1A','1B','1C','2A','2B','2C','3A','3B','3C']
```

列表生成式也可以使用两个变量来生成 list，代码如下所示：

```
#例 7-10
d = {'1':'A','2':'B','3':'C'}
```

```
print([k + '=' + v for k,v in d.items()])
#['1=A','2=B','3=C'], 次序可能不一致
```

例 7-11 是利用列表生成式将列表中各个字符串转换成小写形式：

```
#例 7-11
L = ['Hello','Nice','to','Meet','You']

print([s.lower() for s in L])
#['hello','nice','to','meet','you']
```

7.2.2　迭代器

通过列表生成式，我们可以直接创建一个列表。但是，受到内存限制，列表容量肯定是有限的。比如，创建一个包含 100 万个元素的列表，会占用很大的存储空间，如果只访问前面几个元素，那么后面绝大多数元素占用的空间都白白浪费了。

所以，如果列表元素可以按照某种算法推算出来，那么我们是否可以在循环的过程中不断推算出后续的元素呢？这样就不必创建完整的列表，从而可以节省大量的空间。在 Python 中，这种一边循环一边计算的机制，称为迭代器。迭代器是一个可以记住遍历位置的对象，迭代器对象从集合的第一个元素开始访问，直到所有元素被访问完才结束。迭代器只能往前不能后退，它有两个基本的方法，即 iter() 方法和 next() 方法。

字符串、列表或元组对象都可用于创建迭代器，代码如下所示：

```
#例 7-12
a = [4,2,3,1]

b = iter(a)
#创建迭代器对象

print (next(b))
#输出迭代器的下一个元素 4
print (next(b))
#2
print (next(b))
#3
```

迭代器对象也可以使用常规 for 语句进行遍历，代码如下所示：

```
#例 7-13
a = [4,2,3,1]

b = iter(a)
#创建迭代器对象

for x in b:
    print (x)
```

```
#例 7-14
g = iter([x * x for x in range(10)])

for n in g:
    print(n)
#0 1 4 9 16 25 36 49 64 81
```

7.2.3 生成器

在 Python 中，使用了 yield 的函数称为生成器。

跟普通函数不同的是，生成器是一个返回迭代器的函数，只能用于迭代操作，简单点理解，生成器就是一个迭代器。

在调用生成器运行的过程中，每次遇到 yield 时，函数会暂停并保存当前所有的运行信息，返回 yield 的值，并在下一次执行 next() 方法时从当前位置继续运行。

调用一个生成器函数，返回的是一个迭代器对象。

例 7-15 是使用 yield 实现计算斐波那契数列：

```
#例 7-15
import sys

def fibonacci(n):
#生成器构造的斐波那契函数
    a,b,counter = 0,1,0

while True:
    if (counter > n):
            return
    yield a
    a,b = b,a + b
    counter += 1

f = fibonacci(10)
#f 是一个迭代器，由生成器返回生成

while True:
    try:
        print (next(f),end=" ")
    except StopIteration:
        sys.exit()
```

例 7-15 中的 try 和 except 是用于对程序的错误进行异常处理，在第 8 章将会详细阐述。

生成器是非常强大的工具，在 Python 中，可以简单地把列表生成式改成生成器，也可以通过函数实现复杂逻辑的生成器。

生成器的工作原理就是在循环的过程中不断计算出下一个元素，并在适当的条件结束循环。对于函数改成的生成器来说，遇到 return 语句或者执行到函数体最后一行语句，就是结束生成器的指令，循环随之结束。

7.3　特殊语句

7.3.1　eval()函数和 exec()函数

1. eval()函数

eval()函数用于计算指定表达式的值。但是，它要执行的 Python 代码只能是单个运算表达式，而不能是复杂的代码逻辑，这一点和 lambda 表达式类似。

eval()函数定义的语法格式为：

$$eval(expression,globals=None,locals=None)$$

各参数说明如下。

expression：必选参数，如果它是一个字符串，则会被当成一个 Python 表达式进行分析和解释。

globals：可选参数，表示全局命名空间（存放全局变量），如果被使用，则必须是一个字典对象。

locals：可选参数，表示当前局部命名空间（存放局部变量），如果被使用，可以是任何映射对象。如果该参数被忽略，那么它将取与 globals 相同的值。

如果 globals 参数与 locals 参数都被忽略，那么它们将取 eval()函数被调用环境下的全局命名空间和局部命名空间。

如果 expression 是一个输出语句，如 print()，则 eval()函数的返回结果为 None。否则，expression 表达式的结果就是 eval()函数的返回值。示例代码如下：

```
#例 7-16
x = 5

def func():
    y = 8

a = eval('x + y')
print('a:',a)
#a: 13

b = eval('x + y',{'x':1,'y':2})
print('b:',b)
#b: 3

c = eval('x + y',{'x':1,'y':2},{'y':3,'z':4})
print('c:',c)
#c: 4
```

```
d = eval('print(x,y)')
#5 8
print('d:',d)
#d: None

func()
```

对于变量 a，eval()函数的 globals 参数和 locals 参数都被忽略了，因此变量 x 和变量 y 都取 eval()函数被调用环境下的作用域中的变量值，即 x = 5，y = 8，a = x + y = 13。

对于变量 b，eval()函数只提供 globals 参数而忽略 locals 参数，因此 locals 参数会取 globals 参数的值，即 x = 1，y = 2，b = x + y = 3。

对于变量 c，eval()函数都提供 globals 参数和 locals 参数，那么 eval()函数会先从全部作用域 globals 中找到变量 x，从局部作用域 locals 中找到变量 y，即 x = 1，y = 3，c = x + y = 4。

对于变量 d，因为 print()函数不是一个计算表达式，没有计算结果，因此返回值为 None。

2. exec()函数

exec()函数的功能是动态执行 Python 代码。也就是说，exec()函数可以执行复杂的 Python 代码，而不像 eval()函数那样只能计算一个表达式的值。

exec()函数的定义语法格式为：

$$exec(object[,globals[,locals]])$$

各参数说明如下。

object：必选参数，表示需要被指定的 Python 代码。如果 object 是一个字符串，则该字符串会先被解析为一组 Python 语句，然后再执行。

globals：可选参数，同 eval()函数。

locals：可选参数，同 eval()函数。

eval()函数与 exec()函数的区别如下。

- eval()函数只能计算单个表达式的值，而 exec()函数可以动态运行代码段。

- eval()函数可以有返回值，而 exec()函数返回值永远为 None。

示例代码如下：

```
#例 7-17
x = 2

expr = """
z = 3
sum = x + y + z
print(sum)
"""
```

```
def func():
    y = 5

exec(expr)
#10
exec(expr,{'x':6,'y':7})
#16
exec(expr,{'x':6,'y':7},{'y':8,'z':9})
#17

func()
```

前两个输出跟 eval() 函数的执行过程一样，这里不做过多解释。关于最后一个数字 17，我们可以看出的是，x = 6，y = 8 是没有疑问的。关于 z 为什么还是 3 而不是 9，这也很简单，我们只需要理一下代码执行过程就可，其执行过程相当于下面所示代码：

```
#例 7-18
x = 6
y = 7

def func():
    y = 8
    z = 9

    z = 3
    sum = x + y + z

print(sum)

func()
```

7.3.2　isinstance() 函数

isinstance() 函数用来判断一个对象是否是已知的类型。

isinstance() 函数的定义语法格式如下：

isinstance(object,classinfo)

其中：object 是实例对象；classinfo 可以是直接或间接类名、基本类型或者由它们组成的元组。

如果对象的类型与 classinfo 的类型相同，则返回 True，否则返回 False。示例代码如下：

```
#例 7-19
class Obj:
    name = "Jerry"

a = 2

print(isinstance (a,int))
#True
print(isinstance (a,str))
#False
```

```
print(isinstance (a,(str,int,list)))
#是元组中的一个，返回 True

b = Obj()
c = isinstance(b,Obj)
print(c)
#True
```

7.3.3 repr()函数

repr()函数可将对象转化为供解释器读取的形式。repr()函数的定义语法格式为：

repr(object)

repr()函数将返回一个对象的 string 格式。代码如下：

```
#例 7-20
print(repr([0,1,2,3]))
#"[0,1,2,3]"

print(repr('Hello'))
#"'Hello'"

dict = {'vegetable':'tomato','meat':'beef'}
print(repr(dict))
#"{'vegetable':'tomato','meat':'beef'}"
```

repr()函数的功能实质上就是创建一个字符串，以合法的 Python 表达式的形式来表示对象值。

本章小结

本章中，首先学习了一些 Python 的高级用法，使用更少的代码实现相同的操作。在实际操作 Python 时，经常会遇到从某个对象中抽取部分值的情况，切片操作正是专门用于快速完成这一操作的工具，有了切片操作，很多地方的循环就不需要了，Python 的切片非常灵活，一行代码就可以实现很多行循环才能完成的操作。其次学习了 Python 的 for 循环可以使用在任何可迭代对象上，这是它的迭代特性；为了节省迭代的内存占用，可以使用基于一边循环一边计算的思想的迭代器和生成器。最后介绍了 Python 内置的四个实用工具：eval()函数、exec()函数、isinstance()函数和 repr()函数，它们能够快速计算表达式的值、判断一个对象的类型和转化对象为解释器可读取形式。

习题

7-1　利用切片操作，截取"I love python!"字符串中前 9 个字符。

7-2　利用切片操作，在[0,100]中每隔 5 个数取一个组成列表([0,5,10,…,100])。

7-3　利用切片操作，在[0,100]中逆序每隔 2 个数取一个组成列表([100,98,96,…,0])。

7-4　利用切片操作，截取键盘输入的字符串的后 3 个字符。

输入输出示例：

输入"Have a nice day!"

输出"ay!"

7-5　使用列表生成式快速打印 1 到 10 的三次方值。

7-6　使用列表生成式快速打印字符串"TomandJerry"中各个字符的大写形式。

7-7　将一个列表中的所有字符串的大写字母改成小写字母。

输入输出示例：

输入["Have"，"a"，"NiCe"，"dAy"]

输出["have"，"a"，"nice"，"day"]

7-8　设计一个判断素数的函数,对于键盘输入的整数num,使用列表生成式快速判断[2,num]之间有多少个素数。

输入输出示例：

输入 10

输出 4

7-9　有两个列表，分别存放了选修 R 语言和 Python 语言的学生名字：

```
R = ["Tom","Mike","Franklin","Trevor","Jerry","Lucy"]
Python = ["Mike","Jerry","Henderson","Alison","Gerrad"]
```

使用列表生成式得出只选修 R 语言，而没有选修 Python 的学生列表。

7-10　杨辉三角定义如下：

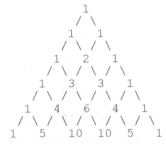

将每一行看成一个列表，试编写一个生成器，不断输出下一行的列表。

第 8 章　文件与异常处理

实际开发中，程序处理的数据都将以磁盘文件的形式存储起来，特别是在大批量数据处理中将会十分方便。本章主要介绍 Python 中文件处理的相关知识。

8.1　文件的基本概念

文件是放在外部存储器上相对独立的数据集合。它以特定的名字标识，被操作系统管理。文件有许多类型，如 C 语言程序可以以文件形式存放在外存，并以 ".c 或.cpp" 为扩展名；执行文件以 ".exe" 为扩展名；Word 以 ".doc" 为扩展名；文本文件（行的集合）以 ".txt" 为扩展名等。除了操作系统可以对文件执行操作以外，很多应用系统都可以直接操作，如 Word 可以操作 ".doc" 文件；C 语言程序也可以对文件执行操作，如向文件写入数据、从文件读取数据。

可以按文件的逻辑结构将文件分为记录文件和流式文件，其中记录文件由具有一定结构的记录组成，而流式文件则由一个一个的字符数据顺序组成，没有大小，实时传送。也可以按存储介质将文件分为普通文件与设备文件。最后，还可以按照数据的组织形式将其分为文本文件与二进制文件，其区别在于：文本文件是有行结构的文件，以回车换行符作为行标记符。二进制文件则是二进制流，没有任何行结构。文本文件上存放的是 ASCII 代码，通常是可显示的代码。二进制文件则是数本身，如整数 10000 若以 ASCII 代码存放，则需要 5 个字节表示，若以二进制文件存放，则只需 1 个字节。

8.2　文件的操作

8.2.1　文件对象

要使用文本文件中的信息，首先要将信息读取到内存中。因此，你可以一次性读取文件的全部内容，也可以用每次一行的方式逐步读取。假设一个文本文件 data.txt 及其内容如下：

```
3.1415926
123145648
989745633
```

可以使用 Python 的内置函数 f = open("data.txt")打开 data.txt，返回一个文件对象并记为 f。还可以通过 f.read()读取文件的内容，具体代码和结果如下：

```
f = open('data.txt')
read_data = f.read()
print(f)
print(read_data)
f.close()
<_io.TextIOWrapper name = 'data.txt' mode = 'r' encoding = 'cp936'>
3.1415926
123145648
989745633
```

需要注意的是，使用 open 打开文件后，一定要采用 close 函数销毁该对象，否则在程序运行期间将一直打开该文件。在结果中，可以看到直接输出 f 时，"name='data.txt' mode='r' encoding='cp936'" 显示出文件名为 data.txt，模式为 r，编码为 cp936。Python 在打开文件时，如果不指定模式，则默认为 r 模式（只读模式）。其他的模式分别为：w 为只写模式，将打开一个文件用于写入，如果该文件不存在，则创建它；a 为追加模式，打开一个文件用于追加内容，如果该文件存在，则定位到文件末尾添加新的内容，如果文件不存在，则创建该文件；r+为读/写模式，将打开一个文件用于读/写，定位在文件开头；w+为覆盖模式，打开一个文件用于读/写，如果该文件存在，则覆盖它，否则创建该文件。打开二进制文件时，需要在上述的 a、w、r、r+模式后加上字符 b，使其变为 ab、wb、rb、rb+，模式的功能完全与文本文档相同。使用模式时，将其作为 open 函数的第二个参数即可，如 open("data.txt","r")。使用 with 关键字能够将销毁文件对象的任务托管给 Python，从而不必再手动调用 close()函数来关闭文件，Python 会在适当的时候去完成这一任务，使用 with 打开文件的语法如下：

```
with open('data.txt','r') as f:
    print(f.read().rstrip())
```

其结果与先前的结果完全一致，其中 rstrip()函数能用来删除字符串末尾的空白。

8.2.2　文本文件操作

前面我们已经了解到能够使用 read()函数来将整个文件中的文本读取为一个字符串，但该方法也可以接收一个参数 size 表示读取的字节数，代码如下：

```
with open('data.txt','r') as f:
    print(f.read(4).rstrip())
3.14
```

从以上代码可以看到，当 size 为 4 时，将只读取前 4 个字节的内容，包括 3 个数字与一个

"."符号。为了方便读取文本文档，Python 还内置了读取每一行的函数 readline()，它也接收一个 size 参数，其作用与 read 的作用一样，当给定 size 大于 0 时，将读取该行前 size 个字节。并且重复调用 readline()时，文件的指针将移至下一行，具体代码如下：

```python
with open('data.txt','r') as f:
    p = f.readline().rstrip()
    print(p)
    p = f.readline().rstrip()
    print(p)
3.1415926
123145648
```

```python
with open('data.txt','r') as f
    p = f.readline(4).rstrip()
    print(p)
    p = f.readline().rstrip()
    print(p)
3.14
15926
```

另一个非常实用的函数为 readlines()，该函数读取文件的每一行并返回一个字符串列表，让我们可以使用循环遍历文件内容，代码如下：

```python
with open('data.txt','r') as f:
    lines = f.readlines()
    print(lines)
    for line in lines:
        print(line.rstrip())
['3.1415926\n','123145648\n','989745633']
3.1415926
123145648
989745633
```

现在，让我们把这些字符串读取为一行，代码如下：

```python
with open('data.txt','r') as f:
    lines = f.readlines()
    pi = ''
    for line in lines:
        pi+ = line.rstrip()
print(pi,type(pi))
3.14159261231456489897456 33 <class 'str'>
```

如果想用上述结果来进行运算，需要使用 Python 的类型转换函数如 int()或 float()将其转化成相应的数值类型。接下来思考如何将字符串写入文本文档中，相关的函数分别为 write(str)与 writelines(sequence)，可以将一个字符串或一个字符串列表写入文档。但需要注意的是这两个函数都不会产生换行符，因此需要自行写入"\n"来换行。首先，要向文本文档中写入内容时，在使用 open()函数时需要指明打开模式，我们已经知道能够向文件写入内容的模式有 w、a、r+、w+其中 w、a 只能用于写入或追加，而 r+、w+用与读写文件，这里介绍 w、a 模式。

```python
with open('data.txt','w') as f:
    string = 'I love Python.'
    f.write(string)
```

使用写入模式打开已经存在的 data.txt 文件，然后利用 write()函数写入一个字符串"I love Python."，运行后，文件内容如下：

```
data.txt
I love Python.
```

从以上代码可以看到，data.txt 中之前的数字内容已被清除，重新写入了 "I love Python." 这段内容，如果想保留之前的内容，则可以使用 "a" 追加模式，代码如下所示：

```
with open('data.txt','a') as f:
    string = '\nI love Programing.'
    f.write(string)
```

这里在字符串开始时插入了一个换行符，用于与之前的内容区别，结果如下：

```
data.txt
I love Python.
I love Programing.
```

8.2.3　二进制文件操作

二进制文件不同于文本文件，计算机二进制文件基本上分为两种：第一种为二进制文件和 ASCII 文件（文本文件），第二种为图形文件及文字处理程序等计算机程序。这些文件含有特殊的格式及计算机代码。ASCII 文件是可以用任何文字处理程序阅读的简单文本文件。在 Python 中，读/写二进制文件和文本文件基本相同，只需要调整相应的模式即可。首先，我们需要明白，在 Python 中表示二进制的方式通常为 "b'二进制内容'"，并且使用 struct 包中的 pack()函数与 unpack()函数对其他类型的数据打包为二进制流数据，以便存储和网络传输。接下来使用它对普通的整型数值进行打包并输出其结果，代码如下：

```
import struct
bin = struct.pack('>3i',1,2,3)
print(bin)
b'\x00\x00\x00\x01\x00\x00\x00\x02\x00\x00\x00\x03'
```

从以上代码可以看到，1、2、3 这三个整数被转换成了一个二进制流 "\x00\x00\x00\x01\x00\x00\x00\x02\x00\x00\x00\x03"，它以十六进制的形式表示。此时可以打开一个文件并将其以二进制的方式写入，代码如下所示：

```
import struct
bin = struct.pack('>3i',1,2,3)
with open('data.txt','wb') as f:
    f.write(bin)
```

再以记事本的形式打开，会发现显示为一串乱码，此时可以借助一些二进制文件编辑器，如 Hex Editor 打开 data.txt，如图 8-1 所示。

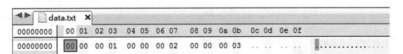

图 8-1　使用 Hex Editor 编辑器打开 data.txt

从图 8-1 可以看到，在二进制文件中，以十六进制形式来显示每个字节的数值。Python 中二进制文件的读/写关键在于如何将普通的字符串、整型、符点数转换成对应的二进制流。这里涉及 pack()函数的一个重要参数 format，也就是在上述代码实例中的"＞3i"，它的意思是以大端模式将后面的 3 个整型变量转化为二进制流。其中，"＞"表示大端模式，表示高位字节排放在内存的低地址端，低位字节排放在内存的高地址端，比较符合人类的思考模式。除此之外，pack()函数还支持本机默认模式、小端模式、网络模式，如表 8-1 所示。

表 8-1 pack()函数支持的模式

字　符	模　式	尺　寸	对齐方式
@	本机	本机	本机
=	本机	标准	无
<	小端	标准	无
>	大端	标准	无
!	网络(=大端)	标准	无

这里的@模式是默认的，即不指定模式时使用。它的储存模式根据本地的系统和处理器来决定，尺寸也与系统位宽一致，小端和大端的主要区别在于字节排放顺序，尺寸为标准，意味着根据 Python 的数据类型规定的字节数来储存。"＞3i"中的"3"表示有几个元素需要转化为二进制，而后面的"i"则表示每个元素以 4 个节字来储存。所有的数据类型如表 8-2 所示。

表 8-2 数据类型与对应长度

格式	C 语言类型	Python 类型	标准尺寸
c	char	bytes of length 1	1
b	signed char	integer	1
B	unsigned char	integer	1
?	_Bool	bool	1
h	short	integer	2
H	unsigned short	integer	2
i	int	integer	4
I	unsigned int	integer	4
l	long	integer	4
L	unsigned long	integer	4
q	long long	integer	8
Q	unsigned long long	integer	8
f	float	float	4
d	double	float	8

可以使用 format 参数对二进制流进行转换和解码，如将 b'\x00\x00\x00\x01\x00\x00\x00\x02\x00\x00\x00\x03'转换回数字，可以使用 unpack()函数。接下来从文件读取二进制流并将其转换为数字，代码如下所示：

```python
with open('data.txt','rb') as f:
    data = struct.unpack('>3i',f.read())
    print(*data)
1 2 3
```

这里，*data 的操作符"*"是指将元组或列表等序列拆解成单个元素。二进制文件操作与文本文件的最大不同在于需要指明数据的类型和长度，否则存储或读取出来的数据没有意义。

8.3 基于文件的数据处理

本节我们将介绍，在 Python 中如何将列表与字典保存为文件和如何将文件读取为对应的数据结构。通过前面章节我们已经知道，将字符串或二进制流写入文件与从文件读取的方法。然而，并不能直接从文件读取某种 Python 对象，针对这个问题，Python 提供了 json 模块用于帮助处理列表、字典和其他内置数据类型。另外，Python 还提供了 pickle 模块将 Python 对象处理成二进制流用于文件存储和读取。pickle 模块与 json 模块对比，json 模块是一种文本序列化格式，而 pickle 模块是一种二进制序列化格式；josn 是一种我们可以读懂的数据格式，而 pickle 模块是一种二进制格式，我们无法读懂；json 模块是与特定的编程语言或系统无关的，且它在 Python 生态系统之外被广泛使用，而 pickle 模块使用的数据格式是特定于 Python 的。默认情况下，json 模块只能表示 Python 内建的数据类型，对于自定义数据类型，需要一些额外的工作来完成；pickle 模块可以直接表示大量的 Python 数据类型，包括自定义数据类型。下面分别介绍 json 模块与 pickle 模块的使用。

8.3.1 从文件读取为列表

json 模块中的 dumps 方法能够将 Python 内置数据类型编码成 json 字符串，例如列表 L 可以被转换，代码如下：

```python
import json
L = [i for i in range(5)]
print(json.dumps(L))
[0,1,2,3,4]
```

转换后的字符串可以被 loads 方法重新加载为对应的数据类型，代码如下：

```python
import json
L = [i for i in range(5)]
StrL = json.dumps(L)
```

```
print(f'StrL 的类型为:{type(StrL)}')
Trans_L = json.loads(StrL)
print(f'Trans_L 的类型为:{type(Trans_L)}')
StrL 的类型为:<class 'str'>
Trans_L 的类型为:<class 'list'>
```

对应地，json 模块提供了 dump(对象，文件)方法用于直接将列表保存至文件，load(文件)方法用于从文件读取为列表，代码如下::

```
import json
L = [i for i in range(100)]
with open('data.json,'w') as f:
    json.dump(L,f)
```

生成的 data.json 文件内容如下：

```
data.json
[0,1,2,3,4,5,6,7,8,9,10,11,12,13,14,15,16,17,18,19,20,21,22,23,24,25,26,27,2
8,29,30,31,32,33,34,35,36,37,38,39,40,41,42,43,44,45,46,47,48,49,50,51,52,53
,54,55,56,57,58,59,60,61,62,63,64,65,66,67,68,69,70,71,72,73,74,75,76,77,78,
79,80,81,82,83,84,85,86,87,88,89,90,91,92,93,94,95,96,97,98,99]
```

从文件读取为列表的代码如下：

```
with open('data.json','r') as f:
    data = json.load(f)
    print(type(data))
<class 'list'>
```

还可以存储与读取更为复杂的二维列表，代码如下：

```
L = [[1,2,3],[4,5,6]]
with open('data.json','w') as f:
json.dump(L,f)
with open('data.json','r') as f:
    data = json.load(f)
    print(data)
[[1,2,3],[4,5,6]]
```

pickle 模块也提供了与 json 模块相同的方法用于将对象处理为二进制数据，代码如下：

```
import pickle
L = [[1,2,3],[4,5,6]]
print(pickle.dumps(L))
b'\x80\x04\x95\x19\x00\x00\x00\x00\x00\x00\x00]\x94(]\x94(K\x01K\x02K\x03e]\
x94(K\x04K\x05K\x06ee.'
```

将其写入文档与读取文档，代码如下：

```
import pickle
L = [[1,2,3],[4,5,6]]
with open('data.bin','wb') as f:
    pickle.dump(L,f)
with open('data.bin','rb') as f:
    data = pickle.load(f)
```

```
print(data)
[[1,2,3],[4,5,6]]
```

这里需要注意的是，由于保存与读取为二进制，所以在文件的写入与读取模式上需要改为"wb"与"rb"。并且，pickle 模块不仅能保存 Python 内置数据类型，还能保存用户自定义的类对象，代码如下：

```
import pickle
class MyClass:
    '''A sample class'''
    i = 12345678
    def f(self):
        return 'Hello world'
x = MyClass()
x_pic = pickle.dumps(x)
print(x_pic)
x_pic_x = pickle.loads(x_pic)
print(f'{x_pic_x}\n{x_pic_x.i}')
b'\x80\x04\x95\x1b\x00\x00\x00\x00\x00\x00\x00\x8c\x08__main__\x94\x8c\x07My
Class\x94\x93\x94)\x81\x94.'
<__main__.MyClass object at 0x00000000023B7130>
12345678
```

8.3.2　从文件读取为字典

字典与列表一样，可以被 json 模块与 pickle 模块的 dump、dumps、load、loads 方法保存与读取，保存代码如下：

```
import json
tinydict = {'Name':'Zara','Age':7,'Class':'First'}
with open('data.json','w') as f:
    print(json.dumps(tinydict))
    json.dump(tinydict,f)
{"Name":"Zara","Age":7,"Class":"First"}
```

读取代码如下：

```
import json
with open('data.json','r') as f:
    dict = json.load(f)
    print(dict,type(dict))
{'Name':'Zara','Age':7,'Class':'First'} <class 'dict'>
```

用 pickle 模块进行字典的存储和读取，代码如下：

```
import pickle
tinydict = {'Name':'Zara','Age':7,'Class':'First'}
with open('data.bin','wb') as f:
    print(pickle.dumps(tinydict))
    pickle.dump(tinydict,f)
b'\x80\x04\x95+\x00\x00\x00\x00\x00\x00\x00}\x94(\x8c\x04Name\x94\x8c\x04Zar
a\x94\x8c\x03Age\x94K\x07\x8c\x05Class\x94\x8c\x05First\x94u.'
```

同样，读取时采用 load 方法，具体代码如下：

```
import pickle
with open('data.bin','rb') as f:
    new_dict=pickle.load(f)
    print(new_dict)
{'Name':'Zara','Age':7,'Class':'First'} <class 'dict'>
```

8.4 文件夹操作

本节主要介绍使用 Python 对系统的文件与文件夹进行如复制、移动等日常操作，具体包括 os 模块、os.path 模块与 shutil 模块的使用。

8.4.1 os 模块与 os.path 模块

os 模块主要提供了操作系统功能的接口，在几乎所有操作系统上都可用。关于 os 模块，本书主要介绍 os.chdir()方法与 os.getcwd()方法的使用。其中，getcwd()函数用于获取当前 Python 解释器对应的工作路径，代码如下：

```
import os
path = os.getcwd()
print(path,type(path))
E:\Python <class 'str'>
```

该方法将返回一个当前工作路径字符串，该功能主要用于读取文件时，获取文件的相对路径。例如，我们在上一节中使用 open('data.txt','r')来读取 data.txt 时，解释器会默认 data.txt 与 Python 脚本文件位于同一个路径下，如果 data.txt 位于 E:\Python\data 文件夹，则使用 open('data.txt','r') 将会报错，代码如下：

```
import os
print(os.getcwd())
with open('data.txt','r') as f:
    print(f.read())
E:\Python
Traceback (most recent call last):
  File "test.py",line 110,in <module>
    with open('data.txt','r') as f:
FileNotFoundError:[Errno 2] No such file or directory:'data.txt'
```

此时，正确的做法是使用当前工作文件夹的相对路径或绝对路径，代码如下：

```
import os
print(os.getcwd())
with open('./data/data.txt','r') as f:
    print(f.read())
with open('E:/Python/data/data.txt','r') as f:
    print(f.read())
```

```
E:\Python
{"Age":7,"Name":"Zara","Class":"First"}
{"Age":7,"Name":"Zara","Class":"First"}
```

chdir()函数则可以用来更改 Python 解释器的当前工作路径，代码如下：

```
import os
os.chdir('E:/Python/data')
print(os.getcwd())
with open('data.txt','r') as f:
    print(f.read())
E:\Python\data
{"Age":7,"Name":"Zara","Class":"First"}
```

os.path 模块则包含许多有用的文件路径处理函数，如 os.path.abspath(path)可以获取文件的绝对路径，代码如下：

```
import os
path = './data/data.txt'
print(os.path.abspath(path))
E:\Python\data\data.txt
```

os.path.basename()方法通常能够用于获取文件名或最后一层目录，代码如下：

```
import os
path = 'E:Python/data/data.txt'
print(os.path.basename(path))
data.txt
```

os.path.dirname()方法则用于获取路径中的文件夹，代码如下：

```
import os
path = 'E:Python/data/data.txt'
print(os.path.dirname(path))
E:Python/data
```

需要注意的是，以上函数只对路径字符进行操作，而不会去判断系统中是否真的存在该文件或文件夹，因此，需要调用 os.path.exists 来进行判断，代码如下：

```
import os
path1 = './data/data.txt'
path2 = './data/data2.txt'
folder = './data'
print(os.path.exists(path1))
print(os.path.exists(path2))
print(os.path.exists(folder))
True
False
True
```

如果该路径存在,则方法返回 True,否则返回 False。os.path 模块还提供更细致的 os.path.isdir()方法和 os.path.isfile()方法来判断路径是文件夹还是常规文件，而 os.path.islink()方法用来判断该路径是否为快捷方式。

另外两个非常重要的方法为 os.path.join(path,*paths)与 os.path.split(path)，它们分别对路径进行拼接与拆分。其中，os.path.join(path,*paths)方法能将多个路径联合为一个完整的路径，这在文件操作时非常有用，代码如下：

```
import os
root = 'E:'
folder = 'data'
file = 'data.txt'
print(os.path.join(root,folder,file))
E:data\data.txt
```

但是，生成的路径会因为操作系统的不同而有不同的表示。在 Windows 下，通常为"\"，而在 Unix/Linux 下则为"/"。os.path.split(path)方法则将路径分割为文件夹和文件，代码如下：

```
import os
path='E:Python/data/data.txt'
print(os.path.split(path))
('E:Python/data','data.txt')
```

如果路径是一个文件夹，则第二个字符串将为空，即''。os 与 os.path 模块最常见的用法是递归遍历一个文件夹下的所有文件与文件夹，下面给出一个经典示例。

```
import os
for root,dirs,files in os.walk('./'):
    print(root,dirs,files)
    for name in files:
        print(os.path.join(root,name))
    for name in dirs:
        print(os.path.join(root,name))
./ ['data'] ['data.bin','data.json','run.bat','test.py']
./data.bin
./data.json
./run.bat
./test.py
./data
./data [] ['data.txt']
./data\data.txt
```

从以上代码可以看到，最外层循环执行了两次，print(root,dirs,files)语句输出的结果分别为"./['data'] ['data.bin','data.json','run.bat','test.py']"与"./data [] ['data.txt']"。可以看到第一次根文件夹为./，而第二次则进行到 data 文件夹中，此时根变为./data。内层循环中第一个 for 循环用于遍历根目录中所有的文件，而第二个 for 循环用于遍历所有的文件夹。如果仅需要列出某个文件夹的内容（非递归遍历），则可以使用 os.listdir()方法，具体代码如下：

```
import os
for file in os.listdir('./'):
    print(file)
data
data.bin
```

```
data.json
run.bat
test.py
```

从以上运行结果可以看出，os.listdir()方法将会列出文件夹下的所有内容，包括文件和文件夹，但并不能遍历更深层次的目录和文件。

8.4.2　Shutil 模块

Shutil 模块主要用于文件夹与文件的操作，包括复制、删除、移动、压缩等。下面介绍文件复制方法 shutil.copy(源文件,目标文件)，代码如下：

```python
import os
import shutil
import json
src = './data/data.txt'
dst = './data/data2.txt'
shutil.copy(src,dst)
for root,dirs,files in os.walk('./data'):
    for name in files:
        path = os.path.join(root,name)
        print(path)
        with open(path,'r') as f:
            data = json.load(f)
            print(data)
./data\data.txt
{'Age':7,'Name':'Zara','Class':'First'}
./data\data2.txt
{'Age':7,'Name':'Zara','Class':'First'}
```

从以上代码可以看到，data 文件下出现了由 data.txt 复制的 data2.txt，并且 data2.txt 的内容与 data.txt 的完全一致。采用 copytree(src,dst)方法能够递归地复制整个目录，代码如下：

```python
import os
import shutil
import json
src = './data'
dst = './data2'
shutil.copytree(src,dst)
for root,dirs,files in os.walk('./'):
    for name in dirs:
        print(os.path.join(root,name))
    for name in files:
        print(os.path.join(root,name))
./data
./data2
./data\data.txt
./data\data2.txt
./data2\data.txt
./data2\data2.txt
```

使用 shutil.move(src,dst)方法能够对文件进行移动操作，代码如下：

```
src = './data.json'
dst = './data2/data.json'
shutil.move(src,dst)
for root,dirs,files in os.walk('./data2'):
    for name in files:
        print(os.path.join(root,name))
./data2\data.json
./data2\data.txt
./data2\data2.txt
```

使用 shutil.rmtree(path)方法可以递归地删除该文件夹中所有的文件与文件夹，使用 shutil.make_archive()方法可以将文件夹打包为压缩文档，代码如下：

```
dst = './data'
shutil.make_archive(dst,'zip','./data')
for root,dirs,files in os.walk('./'):
    for name in files:
        print(os.path.join(root,name))
./data.zip
```

从以上代码可以看到生成了一个 zip 压缩文件。解压的方法为 shutil.unpack_archive('归档文件路径','解包目标文件夹')。

8.5 异常处理

8.5.1 语法错误与异常描述

Python 中的语法错误是指代码不符合解释器规定的文法。而异常则是指程序运行时引发的错误，其原因有很多，可能是除以 0、下标越界、文件不存在、网络异常、类型错误、名字错误等。这些异常如果不进行处理，则会导致程序终止运行。合理使用异常处理可使程序更加健壮。下面来看几种错误或异常示例。

```
a = 10
print(A)
NameError: name 'A' is not defined
```

如果拼写错误，则会报命名错误。再来看一个除以 0 的错误。

```
print(1/0)
ZeroDivisionError: division by zero
```

这些提示便是 Python 的异常机制在起作用，提示我们出现的错误或异常种类。熟练运行异常处理机制，可以把上述错误提示转换成友好的提示并显示给用户。严格来说，语法错误与逻辑错误不属于异常，但它们却会导致异常发生，如由于拼写错误导致引用了一个不存在的对象，或者访问了不存在的文件。当 Python 检测到一个错误时，解释器就会指出当前的程序流已无法继续执行下去，这时就会出现异常。此外，我们也能通过 raise 语句显示地引发异常。

8.5.2　Python 异常与自定义异常

Python 主要是通过继承自 BaseException 类来实现各类异常的提示。主要包括系统退出（SystemExit）、键盘中断（KeyboardInterrupt）、生成器退出（GeneratorExit）和一般异常（Exception）。通常情况下，我们见到的 NameError、MemoryEorry、SyntaxError 等都继承自 Exception 类。如有需要，可以继承自 Python 内置异常类 Exceptoin 来实现自定义异常类，代码如下：

```
class TooLongException(Exception):
    def __init__(self,length,atmost):
        super(TooLongException,self).__init__()
        self.length = length
        self.atmost = atmost

try:
    s = input('请输入--->')
    if len(s)>4:
        raise TooLongException(len(s),4)
except TooLongException as X:
    print(f'TooLongException:输入长度为{X.length},最大为{X.atmost}')
请输入--->abcde
TooLongException:输入长度为5,最大为4
```

此时，若输入字符个数超过 4，则将引发自定义的 TooLongException 异常。

8.5.3　try…except 语句

Python 异常处理结构中最基本的用法是 try…except 语句。其中 try 包含的代码块是可能出现异常的代码，而 except 包含的代码块用于捕捉相应的异常并处理它们。如果 try 中的代码未出现异常，则将执行 try…except 结构后的代码。如果出现异常，则在 except 中进行处理，若出现的异常未被 except 捕获，则继续往外层抛出，直至抛给用户，该结构的语法如下：

try:

　　[可能异常的代码块]

except Exception [as e]:

　　[处理异常的代码块]

如果需要捕获所有类型的异常，则可以将上面的 Exception 换成 BaseException。但通常我们不这样做，而是尽量精确捕捉可能出现的异常及其类型，并且有针对性地编写处理代码。如在读取文件时经常会遇到因为文件不存在或权限不够等异常，这时可以用 try…except 来捕捉并处理，代码如下：

```
try:
    f = open("data.txt","w")
    print(f)
except IOError:
    print("Error:没有找到文件或读取文件失败")
Error:没有找到文件或读取文件失败
```

当 data.txt 的权限为只读时，用写入模式打开它会出现一个 IOError 的异常，此时进入 except 的代码块中进行处理。当使用 except 时，可以在异常类名字后面指定一个变量，用来捕获异常的参数或者更详细的信息，代码如下：

```
try:
    raise Exception('message1','message2')
except Exception as e:
    print(e)
    print(type(e))
('message1','message2')
<class 'Exception'>
```

8.5.4　try…except…else 语句

另一种常用的异常处理结构为 try…except…else 结构，此时 try 中抛出异常，它将会被 except 捕捉并处理，如果未出现任何异常，则执行 else 块中的代码。

```
try:
    fh = open("data.txt","w")
    fh.write("这是一个测试文件，用于测试异常!!")
except IOError:
    print("Error:没有找到文件或读取文件失败")
else:
    print("内容写入文件成功")
    fh.close()
内容写入文件成功
```

很明显，当 try 中没有出现异常，即成功打开文件并写入字符串后，执行 else 中的输出语句。一段 Python 代码中可能会出现多个异常，针对不同的异常类型需要用不同的 except 进行捕捉处理，因此可以在 try 代码块后接多个 except 块。

8.5.5　try…except…finally 语句

最后一种结构为 try…except…finally 结构，其中 finally 代码块中的语句无论是否发生异常，都会被执行，常用来做一些清理工作以释放 try 代码块中语句申请的资源。其结构的语法为：

try:

　　[可能异常的代码块]

finally:

　　[最后执行的代码块]

如下面的代码所示：

```
str = 'char'
try:
    int(str)
except Exception as e:
    print(e)
else:
    print('无异常时执行')
finally:
    print('无论是否有异常都会执行')
invalid literal for int() with base 10:'char'
无论是否有异常都会执行
```

另外，finally 中的代码也可能会抛出异常，如打开一个文件用 finally 来释放时，如果该文件对象未被创建，则会抛出 NameError 错误，代码如下：

```
try:
    fh = open("data.txt","w")
    fh.write("这是一个测试文件，用于测试异常!!")
except IOError:
    print("Error:没有找到文件或读取文件失败")
else:
    print("内容写入文件成功")
finally:
    fh.close()
NameError:name 'fh' is not defined
```

本章小结

　　本章主要介绍了文件的相关操作，包括文件的打开及读/写模式，主要涉及 open()函数及其另一种应用形式 with open() as f。同时学习了如何将数据以文本文件和二进制流的方式写入文件与读取文件内容，主要涉及 read()函数、readlines()函数、write()函数与 struct 模块的应用。对于列表与字典等内置数据类型，使用 json 模块或 pickle 模块可将其以文本或二进制的方式写入文件或从文件读取，这种方式可以直接从文件读取为对象而非字符串。对于文件夹操作，主要介绍了 os 模块与 os.path 模块中的一些方法，用于处理路径。对于文件复制、移动、压缩，则引入了 shutil 模块进行处理。最后，学习了一些简单的异常处理语法。

习题

8-1 请编写一个 while 循环，询问用户为何喜欢编程。每当用户输入一个原因后，都将其添加到一个存储所有原因的文件中。

8-2 创建文件 cats.txt 和 dogs.txt，在第一个文件中至少存储三只猫的名字，在第二个文件中至少存储三条狗的名字。

（1）编写一个程序，尝试读取这些文件，并将其内容打印到屏幕上。

（2）将程序代码放在一个 try…except 代码块中，以便当文件不存在时捕获 FileNotFound 错误，并显示一条友好的消息。

（3）将任意一个文件移到另一个地方，并确认 except 代码块中的代码将正确执行。

8-3 在文本编辑器中新建一个文件，写几句话来总结一下你学到的 Python 知识，其中每一行都以 "In Python you can" 开头。将这个文件命名为 learning_python.txt，并存储到某个文件夹中。编写一个程序读取这个文件，并将你所写的内容打印三次：第一次打印时读取整个文件；第二次打印时遍历文件对象；第三次打印时将各行存储在一个列表中，再在 with 代码块外打印它们。

8-4 模拟登录注册程序，要求如下：

（1）编写一个注册程序，接收用户输入的用户名与密码，并将它们保存至一个文本文件 user_list.txt 中。

（2）编写一个登录程序，提示用户输入用户名与密码，读取 user_list.txt，判断用户是否在文件中，如果用户在该文件中，则继续判断用户输入的密码是否正确。

（3）增加对用户输入密码次数的限制，若用户连续输入三次错误密码，则将无法继续输入密码。

8-5 自己定义一个异常类，继承 Exception 类，捕获下面的过程：判断输入的字符串长度是否小于 5，如果小于 5，比如输入长度为 3，则输出:"The input is of length 3,expecting at least 5"，大于 5 输出"print success"。

第 9 章　Web 应用开发

9.1　概述

9.1.1　Django 框架介绍

本章将学习 Web 应用的开发框架——Django。在互联网蓬勃发展的今天，开发一个网站可供选择的语言和框架纷繁复杂，常见的 Web 框架如表 9-1 所示（表中只列出以后端为主的框架，前端不是本章的重点，因此未列出）。

表 9-1　常见的 Web 框架

名　　称	开发语言	主要特点
Spring Boot	Java	国内流行度高、微服务
Express	Node.js/JavaScript	快速、小型、灵活
Rails	Ruby	模板生成、标准检索机制
Mojolicious	Perl	实时、全栈式 HTTP、干净
ASP.NET	C#/Visual Basic	支持多语言开发
Beego	Go	高性能、微服务
Django	Python	开箱即用、安全、易于扩展

虽然表 9-1 中的每种编程语言只列出了一个框架，但能看出 Web 框架的数量之多。那么，Django 框架有什么特殊的优点呢？

（1）使用 Python 语言，学习和开发难度较低。

（2）通过 Python 类模型就可以定义数据表，避免直接操作数据库。

（3）自带 Admin 管理后台，极大地减少了开发工作量。

（4）框架功能完备，开发速度快。

（5）2005 年第一次发布，至今已超过 16 年，隐藏问题少。

Django 也存在一些缺点，如运行性能较差，但对于中小规模的 Web 应用影响不大。另外，Django 还有两个隐含优点：一是适合人员较少甚至一个人的开发团队，这样普通学生可独立开发 Web 项目而不需要与他人合作；二是 Django 属于重型框架，同时包含前后端，功能完整，通过框架的学习就能掌握 Web 应用开发的绝大部分知识和技能，适合培养全栈型人才。

9.1.2　内容概要

本章将以一个简单的考试系统的开发过程为案例，贯穿整个 Django 的教学内容，相关知识点在案例中以具体例子的方式呈现出来。因此，在学习本章内容时，强烈建议读者一步一步跟着书上的例子和代码进行实现，才能更好地掌握 Django 的使用方法和技巧。

9.2　安装和启动 Django

9.2.1　安装方法

由于 Python 3 已逐渐成为主流，所以建议在 Python 3 环境下进行 Django 应用的开发。安装 Django 的方法有多种，较简单是在命令行环境输入以下指令：

```
> pip install django
```

之后在 Python 命令行环境输入以下指令：

```
>>> import django
>>> django.get_version()
```

如果上面的命令都正常运行，则表明 Django 安装成功。其他安装方法可参考 Django 的官方文档（https://docs.djangoproject.com/en/4.0/intro/install/）。

9.2.2　创建和启动项目

在命令行窗口切换到合适的目录，输入以下命令：

```
> django-admin startproject basicproject
```

手动将生成的文件夹名称改成 exam-project。此处改动是为了后续教学方便，实际开发中不需要。在当前工作目录中将得到如图 9-1 所示的文件夹及文件。

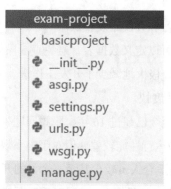

图 9-1　修改文件夹名称后的目录结构

exam-project 表示工程的根目录，其他文件夹和文件都包含其中。

（1）basicproject：表示工程的全局配置和运行设置都放在这个目录，如 settings.py 和 urls.py 分别负责基础配置和网址模式管理。

（2）manage.py：Django 项目所使用的统一命令行工具包，包括项目启动、数据迁移、数据调试等功能。

（3）asgi.py 和 wsgi.py：分别负责实现网站的异步和同步服务部署相关的功能。

在命令行进入 exam-project 目录，运行命令启动网站服务。

```
> python .\manage.py runserver
```

启动网站服务界面（随着 Django 版本的更迭可能出现细微的差别）如图 9-2 所示。

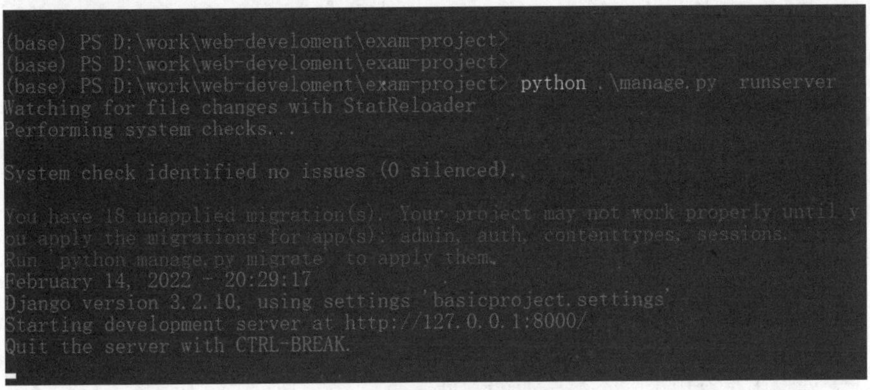

```
(base) PS D:\work\web-develoment\exam-project>
(base) PS D:\work\web-develoment\exam-project>
(base) PS D:\work\web-develoment\exam-project> python .\manage.py runserver
Watching for file changes with StatReloader
Performing system checks...

System check identified no issues (0 silenced).

You have 18 unapplied migration(s). Your project may not work properly until y
ou apply the migrations for app(s): admin, auth, contenttypes, sessions.
Run 'python manage.py migrate' to apply them.
February 14, 2022 - 20:29:17
Django version 3.2.10, using settings 'basicproject.settings'
Starting development server at http://127.0.0.1:8000/
Quit the server with CTRL-BREAK.
```

图 9-2　启动网站服务界面

此时在浏览器的地址栏输入 http://localhost:8000/，即出现如图 9-3 所示页面。

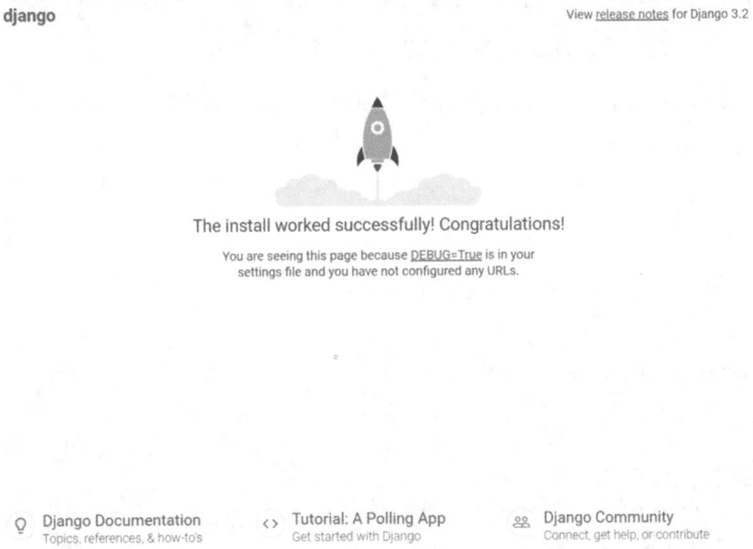

django   View release notes for Django 3.2

The install worked successfully! Congratulations!

You are seeing this page because DEBUG=True is in your
settings file and you have not configured any URLs.

Django Documentation　　Tutorial: A Polling App　　Django Community
Topics, references, & how-to's　　Get started with Django　　Connect, get help, or contribute

图 9-3　输入地址打开网页

至此，一个初步的 Web 应用工程就创建成功了，接下来将开发具体的功能。

9.3 创建新应用

9.3.1 创建

在现有的工程中创建新应用，可输入以下命令：

```
> python.\manage.py startapp exams
```

其中，exams 为新应用的名称，这样 exam-project 目录中多了一个 exams 的文件夹，具体内容如图 9-4 所示。Django 项目中可创建多个这样的应用，而且应用之间可联合搭配使用。

图 9-4 创建新应用后目录结构

exams 文件夹中包含以下三个最重要的文件。

（1）admin.py：负责 Admin 后台页面的模型注册和编辑选项配置。

（2）models.py：数据模型文件，用于创建所需数据表格对应的 Django 模型。

（3）views.py：编写应用所需的网页 API 和网络接口 API。

注意，还需要在 basicproject/settings.py 中添加相关信息，即将'exams.apps.ExamsConfig'添加到 INSTALLED_APPS 列表中。

9.3.2 添加第一个简单页面

使用代码编辑器打开 view.py，添加如下代码：

```
#导入 Django 的 Http 相关功能函数
from django.http import HttpResponse

#以函数的形式提供网页
def login(request):
  # <h1> <h2> <p>是 html 标记语言
  #分别表示一级标题 二级标题 段落
  content = "<p>&&&&&&&&&&&&&&&&&&&&&&&&&&&</p>"\
```

```
+ "<h1>==考-试-系-统==</h1> <h2>欢迎您</h2>"\
+ "<p>&&&&&&&&&&&&&&&&&&&&&&&&&&&&</p>"
return HttpResponse(content)
```

这样就实现了 Django 中较简单的一个网页，下一步需要把这个函数和网址建立关联。在 exams 目录下创建文件 urls.py，并写入如下代码：

```
from django.urls import path
from exams.views import *
#path 函数的功能就是将 views 中的函数映射到一个目标网址
#第一个参数是目标网址，第二参数是 views 中的函数
urlpatterns = [path('login',login,name = 'login'),]
```

上面的代码中，目标网址是字符串'login'，而实际网址并不只是这个，下面会介绍具体的网址合成规则。这里的 urls.py 被官方文档称为 URLconf，表示它用于 URL（网址）的配置。再在 basicproject/urls.py 中添加如下代码：

```
from django.contrib import admin
from django.urls import path,include
#include 函数将子应用的 urls 的配置导入全局 urls 配置文件中
#在 path 函数中为所有 exams 应用的网页添加一个'exams/'的前缀
urlpatterns = [
    path('exams/',include('exams.urls')),
    path('admin/',admin.site.urls),
]
```

再次启动网站服务，在浏览器中输入网址：http://localhost:8000/exams/login，得到如图 9-5 所示的考试系统欢迎页面。

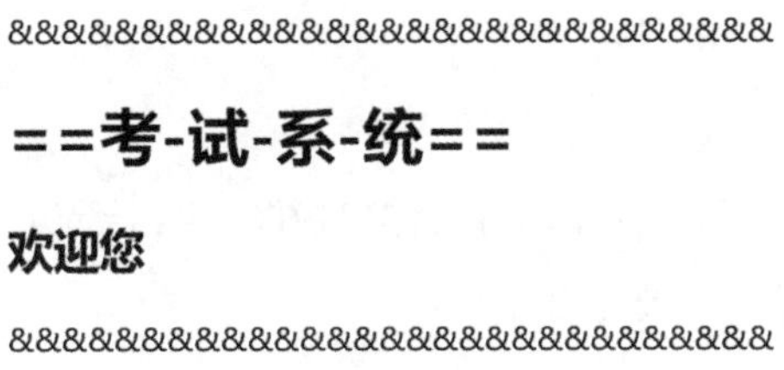

&&&&&&&&&&&&&&&&&&&&&&&&&&&&

==考-试-系-统==

欢迎您

&&&&&&&&&&&&&&&&&&&&&&&&&&&&

图 9-5　考试系统欢迎页面

9.3.3　网址构成规则

上面的网址由三个部分构成。

（1）http://localhost:8000/：服务器的 IP 地址和对应端口号，当网站部署上线后，一般由域名代替。

（2）exams/：当前子应用的附加字段，由 basicproject/urls.py 的 path('exams/',include ('exams.urls'))函数的第一个参数确定。

（3）login：当前网页的资源名称字段，由 exams/urls.py 中的 path('login',login,name = 'login')

函数的第一个参数确定。

使用这个网址合成规则就能设计出合理的结构化的网址，避免出现无意义且难以记忆和识别的网址。

9.4 Django 数据模型

9.4.1 数据库配置

Django 官方默认使用的数据是 SQLite，一个比较轻型的数据库。如果想要换成其他数据库，可在 basicproject/settings.py 中修改 DATABASES 的内容，包括 ENGINE 和 NAME。其中 ENGINE 常见的选项有 sqlite3、postgresql 和 mysql 等。

此处补充说明一下，basicproject/settings.py 是一个由普通 python 模块构成的 Django 全部配置文件，比如。

（1）DEBUG：系统是否处于 Debug 模式，开发的时候打开，部署时关闭。

（2）ALLOWED_HOSTS：设置允许访问网址的范围，如果不进行任何修改，那么网页只能被本机器访问。

（3）TEMPLATES：网页模板生成器的相关配置。

（4）INSTALLED_APPS：项目需要用到的各种应用，比如，必须将当前新建的应用添加到该列表之中。

9.4.2 创建模型

我们创建一个选择题的模型，模型内容具体包括以下四个部分。

（1）题干，即题目的描述，文本类型。

（2）4 个选项，文本类型。这个案例将选项固定为 4 个是为了简便，还有其他更加灵活的方式可供使用。

（3）题目答案，数字类型。

（4）答案解析，文本类型。

理论上，还应该添加一个主键，但 Django 会自动为我们提供一个自动递增的主键，所以这个案例中可以省略。当要满足特殊要求的主键时，也可以自己添加。

打开 exams/models.py，添加如下代码：

```
ANSWER_CHOICES = [
    ('1','1'),('2','2'),('3','3'),('4','4')]
```

```
#模型的基类是 models.Model
class ChoiceQuestion(models.Model):
    #在后台 Admin 显示的时候更可读
    def _ _str_ _(self):
        return '选择题'+str(self.id)
    question_text = models.TextField('题干')
    choice_1 = models.CharField('选项 1',max_length=200,default='')
    choice_2 = models.CharField('选项 2',max_length=200,default='')
    choice_3 = models.CharField('选项 3',max_length=200,default='')
    choice_4 = models.CharField('选项 4',max_length=200,default='')
    answer = models.CharField('答案',max_length=2,choices= ANSWER_CHOICES)
    explanation = models.TextField('答案解析')
```

注意：answer 本身是一个数字类型，这里为了处理方便，采用了字符类型。

在命令行输入如下指令：

```
> python manage.py makemigrations exams
> python manage.py sqlmigrate exams 0001
```

第一个命令是通知 Django 该项目的模型发生了变化，也就是将模型的改动信息变成迁移文件（英文表示为 migrations）。第二个命令是显示该模型对应的 SQL 语句，为了检测模型是否存在错误，实际的输出 SQL 语句如下：

```
BEGIN;
--
-- Create model ChoiceQuestion
--
CREATE TABLE "exams_choicequestion" (
"id" integer NOT NULL PRIMARY KEY AUTOINCREMENT,
"question_text" text NOT NULL,
"choice_1" varchar(200) NOT NULL,
"choice_2" varchar(200) NOT NULL,
"choice_3" varchar(200) NOT NULL,
"choice_4" varchar(200) NOT NULL,
"answer" varchar(2) NOT NULL,
"explanation" text NOT NULL);
COMMIT;
```

通常，上面的 SQL 语句很容易将 Django 模型中的数据及其在数据中的内容对应起来。

现在运行下面的命令将根据上一步生成的迁移文件在数据库中创建相应的表格数据。

```
> python.\manage.py migrate
```

如果命令正常运行，那么选择题的表格就已经创建成功了，目前还是一个空表。

总结起来，要创建或修改数据模型，分为以下三步。

（1）在 models.py 中创建或修改模型的字段和属性信息。

（2）运行 python manage.py makemigrations name_of_app，此处 name_of_app 不一定要加，

特殊情况才要。

（3）运行 python manage.py migrate。

9.4.3 Admin 后台初步

上一节我们创建了一个选择题的数据表。那么如何不使用 SQL 语句或者代码来管理呢？Django 提供了一个自动生成的数据管理后台 Admin，可以满足这个要求。

第一步在命令行输入：

```
> python manage.py createsuperuser
```

根据提示设置管理员名称和密码等基本信息，作为登录 Admin 网页的用户。完成注册后，运行网站服务，并在浏览器中输入网址 http://127.0.0.1:8000/admin/，输入上一步设置的管理员名称和密码即可登录 Admin 页面，如图 9-6 所示。

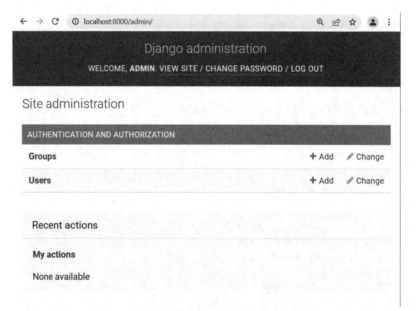

图 9-6　后台管理 Admin 页面

此时还看不到选择题对应的表格，还需要在 exams/admin.py 进行模型注册，在该文件中添加如下代码：

```
#Register your models here.
from exams.models import ChoiceQuestion


admin.site.register(ChoiceQuestion)
```

刷新 admin 网页就能看到选择题对应的表格。点击选择题对应的链接，可添加新的数据，具体页面如图 9-7 所示。

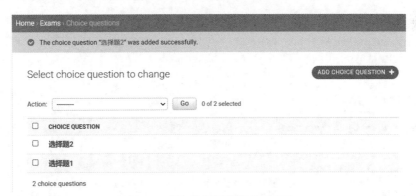

图 9-7　选择题对应的表格页面

添加两个题目的作为样例，添加完成后的选择题列表页面如图 9-8 所示。

图 9-8　添加选择题后的列表页面

9.4.4　配置 Admin 显示列表

在图 9-8 所示的题目列表页面可以看到添加的两个题目的编号，但看不到任何其他信息。如果想了解题目的其他具体信息，则需要点击进入编辑页面，操作过程非常麻烦。

为了能在该列表页面显示更多有用的信息，可在 exmas/admin.py 中替换之前的模型注册代码。

```
#为 ChoiceQuestion 创建一个代理模型
#专门用于配置模型在 Admin 中的显示和编辑配置
class ChoiceQuestionAdmin(admin.ModelAdmin):
    list_display =
('id_','question_text','choice_1','choice_2','choice_3','choice_4',)

#原模型和代理模型共同注册
admin.site.register(ChoiceQuestion,ChoiceQuestionAdmin)
```

刷新 Admin 的选择题列表页面，结果如图 9-9 所示。

	题号	题干	选项1	选项2	选项3	选项4
	编号2	下列关于ACSII编码的叙述中，正确的是（）。	一个字符发标准ASCII码占一个字节，其最高二进制位总为1	所有大写英文字母的ASCII码都小于小写英文'a'的ASCII码值	所有大写英文字母的ASCII码都大于小写英文'a'的ASCII码值	标准ASCII码表有256个不同的字符编码
	编号1	汇编语言是一种（）。	依赖于计算机的低级程序设计语言	计算机能直接执行的程序设计语言	独立于计算机的高级程序设计语言	面向问题的程序设计语言

2 choice questions

图 9-9　选择题配置后的列表页面

这样选择题的题干和选项都能直接看到，但形式上和最终选择题的呈现形式不同，而且不方便查看选项与答案的关系。为此，我们需要修改选择题模型，将下面的函数添加到 ChoiceQuestion 模型中，用 Python 代码将表格数据按合适的方式聚合。

```
def description(self):
  choice_list = [
    ['white','1.'+ self.choice_1],
    ['white','2.'+ self.choice_2],
    ['white','3. '+ self.choice_3],
    ['white','4. '+ self.choice_4],]
  choice_list[int(self.answer)-1][0] = 'Lime'
  return format_html("<p>"+self.question_text+" </p>") +\
    format_html("<ul>") + \
    format_html_join(
    '\n','<li style="background-color:{};">{}</li>',
    ((x[0],x[1]) for x in choice_list)
    ) + format_html("</ul>")
description.short_description = '题目内容'
```

该函数添加了使用 HTML 语言进行显示的格式处理，因此需要将下面的模块导入语句并添加到文件顶部。

```
from django.utils.html import format_html,format_html_join
```

再修改 admin.py 中的代理模型，代码如下：

```
list_display = ('id_','description')
```

再次刷新列表页面，显示效果如图 9-10 所示，从图中可看出题目的显示形式和最终题目呈现形式非常接近，而且正确选项由灰色背景标记，便于识别。

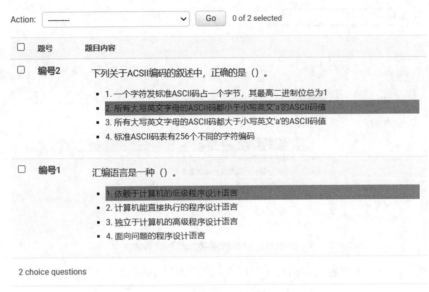

图 9-10　再次配置后选择题列表页面

9.4.5　查找和快速修改模型

设想使用过程中，由于人为疏漏的原因，输入的题目的答案会存在一定概率的错误，那么在进行修复时可能存在两个困难。

（1）不知道题目的具体编号，只知道题干信息，应该如何高效查找？

（2）每次修改都需要点击进入编辑页面，修改之后再保存退出，反复操作时效率低，应该怎么办？

幸运的是，针对这两个问题，Django 框架提供了现成的解决方法。针对第一个问题，只需在 admin.py 的代理模型中加入一行代码。

```
#为 ChoiceQuestion 创建一个代理模型
#专门用于配置模型在 Admin 中的显示和编辑配置
class ChoiceQuestionAdmin(admin.ModelAdmin):
    list_display = ('id_','description',)
    search_fields = ['question_text']
```

search_fields 即为新添加的内容。刷新后选择题列表页面多了一个搜索框，测试使用效果如图 9-11 所示。

针对第二问题，只要按下面代码修改 admin.py 中的代理模型。

```
class ChoiceQuestionAdmin(admin.ModelAdmin):
    list_display = ('id_','description','answer')
    search_fields = ['question_text']
    list_editable = ('answer',)
```

图 9-11 添加搜索功能的列表页面

刷新列表页面，在列表页面出现了可以编辑答案的下拉按钮，其效果如图 9-12 所示。

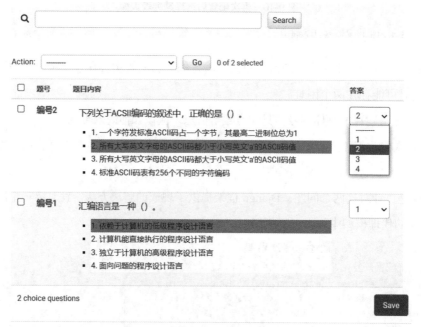

图 9-12 可直接编辑答案的列表页面

关于定制 Admin 页面的方法，这里演示了常见的四种。

（1）list_display：定制列表页面显示的数据域。

（2）search_fields：定制可用于搜索的数据域。

（3）list_editable：定制可在列表页面直接编辑的数据域。

（4）模型函数：使用 Python 能极为灵活地实现数据的显示内容和形式，比如上面案例用到的 HTML。

Django 提供远多于本节所演示的定制方法，具体可参考其官方文档。

9.5　Django 网页模板

9.5.1　概要

本节将在选择题数据表的基础上，创建用于浏览题目和训练的页面，展示 Django 的前端开发功能，主要讲解其网页模板（template）的使用方法。

9.5.2　网页模板介绍

上面基于 Python 的字符串编写了一个简单的欢迎登录页面，这里存在两个小问题。

（1）当需要开发复杂的网页时，这种方法显然不方便、不高效。

（2）普通的网页开发通常是基于 HTML 文件的，现在的做法不符合行业习惯。

为了解决这些问题，Django 框架提供了一种方案，就是网页开发过程在 HTML 文件中进行，同时加入模板语言，使得用户能在 HTML 中非常方便与 Django 进行交互。这种 HTML 文件加上模板语言的开发模式就是 Django 网页模板。当然，这种做法不是 Django 独有的，当网页渲染速度是极为重要的场景时，Django 也支持其他模板引擎，比如 Jinja。

9.5.3　选择题列表展示页面

为了让用户从浏览器方便浏览所有选择题，先要创建一个显示所有选择题题干的页面。在 views.py 中添加新的函数，代码如下：

```
#所有选择题题干展示页面
def choice_question_list(request):
    #获取数据库中的所有选择题
    question_list = ChoiceQuestion.objects.all()
    #抽取选择题的题干，以列表形式展示
    output = '<p>所有选择题: </p>' + \
    '<ol>'+\
    ' '.join(['<li>'+q.question_text+'</li>' for q in question_list])\
        + '</ol>'
    return HttpResponse(output)
然后在 urls.py 的 urlpatterns 中增加一个 path:
path('choicequestionlist',choice_question_list,name='choicequestionlist'),
```

在浏览器中输入网址 http://localhost:8000/exams/choicequestionlist，即可得到如图 9-13 所示的页面。

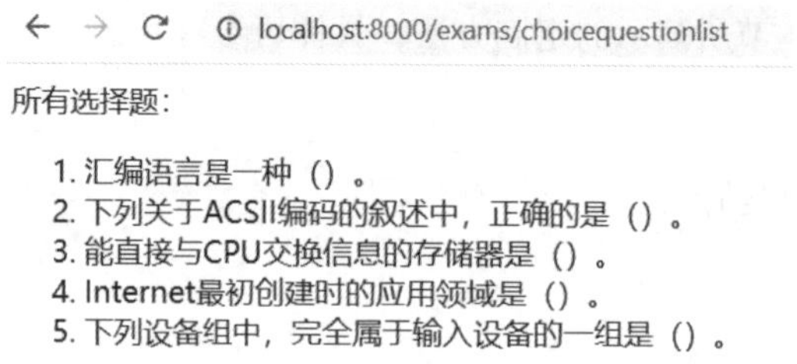

← → C ⓘ localhost:8000/exams/choicequestionlist

所有选择题：

    1. 汇编语言是一种（）。
    2. 下列关于ACSII编码的叙述中，正确的是（）。
    3. 能直接与CPU交换信息的存储器是（）。
    4. Internet最初创建时的应用领域是（）。
    5. 下列设备组中，完全属于输入设备的一组是（）。

图 9-13　所有选择题题干浏览页面

到目前为止还没有使用网页模板，网页内容全部由 Python 的字符串拼接而成，造成代码比较混乱且效率不高。要使用网页模板，首先在 exams 目录下创建一个两层的文件夹 templates/exams。然后在其中创建一个 HTML 文件，命名为 choicequestionlist.html，再将如下 HTML 代码写入该文件。

```
{% if question_list %}
<h3> 所有选择题：</h3>
<ol>
    {% for question in question_list %}
    <li>{{question.question_text}}</li>
    {% endfor %}
</ol>
{% else %}
<p>当前数据库中没有选择题。</p>
{% endif %}
```

以上代码中，带有{%、%}、{{、}}的内容都是 Django 的模板指令，比如。

（1）{% if variable %}：判断变量 variable 是否为真。

（2）{{variable}}：用于显示变量 variable 的具体内容。

（3）{% for x in y %}：执行循环，将 y 中的元素依次取出。

然后修改 views.py 中对应函数的内容，代码如下：

```
#所有选择题题干展示页面
def choice_question_list(request):
    #获取数据库中的所有选择题
    question_list = ChoiceQuestion.objects.all()

    #将 question_list 传递给网页模板
    context = {'question_list':question_list,}
    return render(request,'exams/choicequestionlist.html',context)
```

从以上代码中可以看出，因为网页构建相关的代码已经被放到网页模板文件中，所以相比之前代码的层次变得更清晰了。刷新网页后，选择题列表的展示页面和之前的展示效果一样。

9.5.4　选择题练习页面

与上面类似，首先在 views.py 中添加一个新函数，代码如下：

```
#单个选择题练习页面
def choice_question_practice(request,question_id):
    #获取数据库中的所有选择题
    question = ChoiceQuestion.objects.get(id = question_id)

    #将 question_list 传递给网页模板
    context = {'question':question,}
    return render(request,'exams/choicequestion.html',context)
```

然后在 templates/exams 文件夹下创建文件 choicequestion.html，并输入如下代码：

```
{% if question %}
<h4> {{question.question_text}}</h4>
<ol>
    <li>{{question.choice_1}}</li>
    <li>{{question.choice_2}}</li>
    <li>{{question.choice_3}}</li>
    <li>{{question.choice_4}}</li>
</ol>
<p>你的答案是: <input type = "number"/> </p>
<input type = "submit" value = "提交"/>
{% else %}
<p>当前数据库中没有编号为{{question.id}}选择题。</p>
{% endif %}
```

最后在 urls.py 中加入 path，代码如下：

```
#baseURL/choicequestion/3
path('choicequestion/<int:question_id>',choice_question_practice,name =
'choicequestion')
```

这次的 path 的第一个参数出现新内容，即形如<int:question_id>，它类似编程语言中的整型变量。由基本的编程经验可知，还可以使用其他类型的参数，这种方法极大地提高了 URL 设计的灵活性。

此时在浏览器中输入网址 http://localhost:8000/exams/choicequestion/4，即可得到如图 9-14 所示的效果。

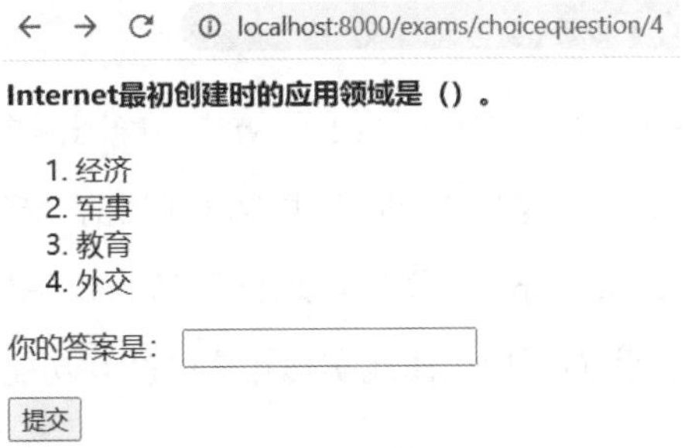

图 9-14　加入模板后的选择题练习页面

现在单个的选择题练习页面已经有了，但网页地址都需要手动输入，显然不便于使用。我们可以尝试在选择题展示列表中添加合适的超链接来实现自动页面跳转，修改 choicequestionlist.html 的代码如下：

```
{% if question_list %}
<h3> 所有选择题: </h3>
<ol>
  {% for question in question_list %}
<li><a
href="/exams/choicequestion/{{question.id}}">{{question.question_text}}</a></li>
  {% endfor %}
</ol>
{% else %}
<p>当前数据库中没有选择题。</p>
{% endif %}
```

刷新网页之后，我们就能通过点击选择题列表而跳转至相应的练习页面了。

9.6 处理表单

9.6.1 静态网页的局限性

上一节我们通过网页模板构建了选择题列表展示页面和题目练习页面，还可以在页面中输入答案选项和点击"提交"按钮。但是页面并没有任何有意义的反馈，这是怎么回事呢？在训练页面按下"Ctrl+U"组合键，浏览器将显示当前网页的源代码，具体如下：

```
<h4> 汇编语言是一种（ ）。</h4>
<ol>
    <li>依赖于计算机的低级程序设计语言</li>
    <li>计算机能直接执行的程序设计语言</li>
    <li>独立于计算机的高级程序设计语言</li>
    <li>面向问题的程序设计语言</li>
</ol>
<p>你的答案是: <input type = "number"/> </p>
<input type = "submit" value = "提交"/>
```

目前该页面由 HTML 代码构成，这种网页通常被称为静态网页，不能与使用者进行动态互动。为了实现题目训练的目标，显然需要页面至少能反馈当前选择的正确性。在普通的网页开发中，这种互动过程一般由 JavaScript 代码来实现，但代码通常相对比较复杂。Django 提供了便捷的表单处理方法，可以让我们更加快速地实现相应的交互功能。

9.6.2　网页表单

网页表单（Web Form）是网页中的一个特定区域，其中包含用于交互的控件，可将用户输入的信息提交给 Web 服务器，并提供合适的反馈意见，比如图 9-15 展示了 bootstrap 常用的表单样例。由这个案例可知，常用的交互控件包括以下几个。

（1）普通文本输入框、富文本输入框。

（2）下拉选项框。

（3）单选框、多选框。

（4）特殊格式的日期时间选择框。

（5）按钮。

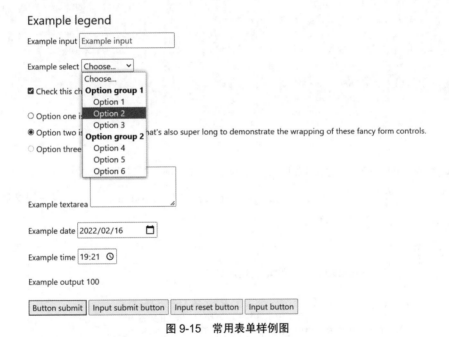

图 9-15　常用表单样例图

一个基本的网页表单代码如下：

```
<form action = "" method = "post" class = "example">
<label for = "password">输入密码:</label>
<input type = "text" name = "password" required>
<input type = "submit" value = "提交">
</form>
```

整个表单的内容包含在<form></form>中，表单中包含如下两个重要的属性。

（1）action：指定表单提交的网址（URL），也就是处理提交信息的网页，如果为空，则表示由当前网页处理。

（2）method：指定表单内容提交的方法，如果设为 get，则将内容加载到网址后提交，如果设为 post，则将表单数据打包在表单数据内独立发送，通常使用 post 方法更加安全。

9.6.3 选择题答案提交表单

重写选择题练习页面的代码如下：

```html
<form action = "" method = "post">
  {% csrf_token %}
  <fieldset>
   <h4> {{question.id}}.{{question.question_text}}</h4>
   <input type = "radio" name = "choice" id = "choice1" value = "1">
   <label for = "choice1">{{question.choice_1}}</label><br>
   <input type = "radio" name = "choice" id = "choice2" value = "2">
   <label fo r= "choice2">{{question.choice_2}}</label><br>
   <input type = "radio" name = "choice" id = "choice3" value = "3">
   <label for = "choice3">{{question.choice_3}}</label><br>
   <input type = "radio" name = "choice" id = "choice4" value = "4">
   <label for = "choice4">{{question.choice_4}}</label><br><br>
   <input type = "submit" value = "提交答案">
<label for = "answer">{{results}}</label>
   {% if error_message %}
<p><strong>{{error_message}}</strong></p>{% endif %}
  </fieldset>
 </form>
```

Django 表单的 HTML 代码和普通的表单没有太大区别，都需要添加{% csrf_token %}代码段，这与 Django 的安全策略有关，不能省略。此处表单的 action 为空，表示表单提交后由本页面处理。刷新后的效果如图 9-16 所示。

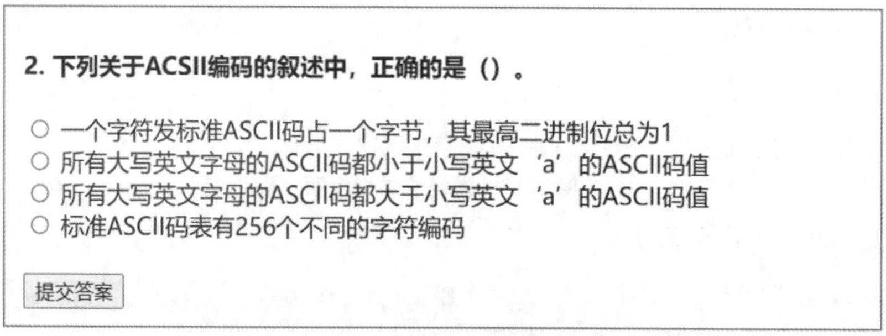

图 9-16 带表单的选择题练习页面

9.6.4 处理表单

修改 views.py 中选择题练习页面对应的函数，代码如下：

```python
def choice_question_practice(request,question_id):
 #获取数据库中指定的选择题
 question = get_object_or_404(ChoiceQuestion,pk = question_id)
 context = {'question':question,}
```

```
if request.method == 'POST':
  try:
    selected_choice = request.POST['choice']
  except:
    context['error_message'] = "你未选择任何选项!! "
  else:
    if(str(selected_choice) == question.answer):
      context['results'] = '选项'+str(selected_choice)+'正确'
    else:
      context['results'] = '选项'+str(selected_choice)+'错误'
return render(request,'exams/choicequestion.html',context)
```

这段代码中的关键点包括以下几点。

（1）if request.method == 'POST'：用于检查该网页的获取方式，如果用户第一次点击链接进入该页面，那么 request.method 应该是 GET；当用户在页面中通过点击"提交"按钮时，request.method 是 POST，就会进入相应的处理过程。

（2）request.POST['choice']：表示网页表单中传递过来的用户的选择，'choice'与 HTML 文件中 input 控件的 name 的值相对应。

打开页面 http://localhost:8000/exams/choicequestion/5 去做练习题，将得到正确反馈信息，其效果如图 9-17 和图 9-18 所示。

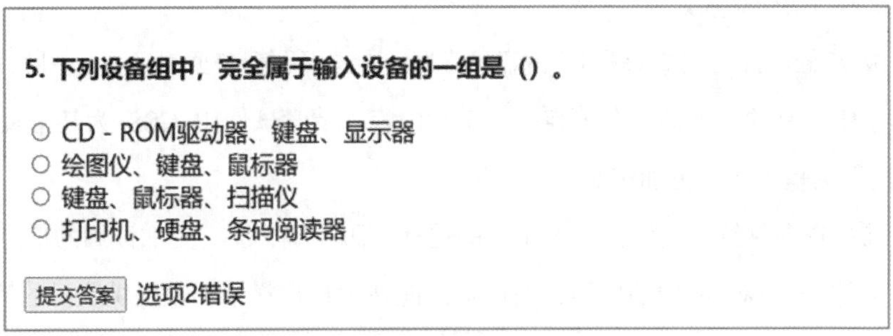

图 9-17　选择题答案错误时的反馈结果

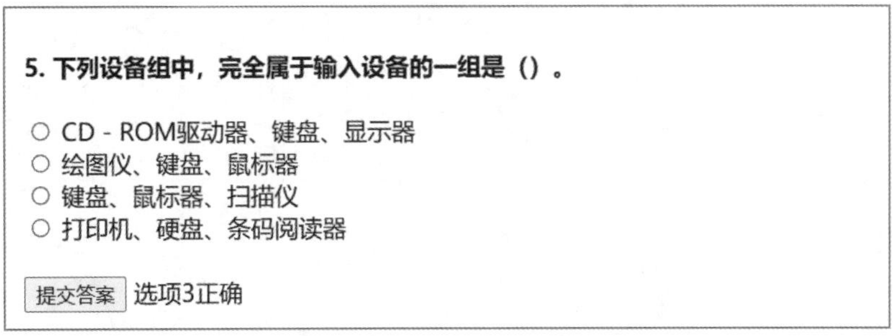

图 9-18　选择题答案正确时的反馈结果

本章小结

本章使用 Django 框架创建了一个简单的选择题后台管理和练习 Web 应用。通过这样一个轻量级的案例，我们介绍了项目创建、数据模型使用、后台管理和显示选项配置、网页模板和表单处理等 Web 应用开发会涉及的基础技术。如果你需要学习更多与 Django 开发相关的技术，建议登录 Django 的官方文档，阅读相对权威的指导资料。

习题

9-1　按照本章提供的命令和代码，创建和运行本章的案例，分析对比每一步增加新功能时代码变化的作用。

9-2　为选择题模型增加四个整数字段，并设置初始值为 0，用于统计练习中各个选项被选的次数。

9-3　修改 views.py 中选择题练习页面对应的函数，利用上一题中的计数器实现选项统计功能。

9-4　修改选择题模型，运用函数实现功能：使用上面的四个整数字段计算题目的正确率和被选择次数最多的错误选项。

9-5　修改在 admin.py 中选择题对应的显示设置，在选择题列表页面显示上一题计算的结果。

9-6　本章中所有的网页都只有单纯的文字和内容，请尝试使用 CSS 为某个页面设计合适的样式，使网页的呈现形式更加美观。

9-7　当前的选择题练习页面仅显示用户的选择是否正确，没有更加详细的信息，请修改对应的 HTML 文件和 views.py 中的内容，使该页面能在用户选择错误时提供题目的答案解析。

第 10 章　科学计算

10.1　NumPy 库

10.1.1　NumPy 概述

Python 如此流行的原因之一就是其在科学计算领域有其独特的地位，众多科研和生产场景中的数据处理都会涉及 Python 的各种科学计算库和工具包。其中不得不提的是 NumPy，它作为整个 Python 科学计算生态的基础库，其他不计其数的库都深度地依赖它，常见的有 SciPy、Matplotlib、Pandas、Scikit-learn、Scikit-image 和 Python-opencv。自 2005 年面世以来，NumPy 以其设计优良、简单易用、性能突出等优点被广泛认可。2020 年，其开发团队以 NumPy 的发展历史和特点等撰写文章发表于《Nature》，足见其影响力之深远。

说到 NumPy 自身，它是一个基础的科学计算库，主要提供多维数组（如向量、矩阵、张量等）的基本操作，包括数学计算、逻辑操作、数据维度变换、离散傅里叶变换、线性代数计算，以及基础的统计操作和随机模拟等。

10.1.2　核心数据结构

NumPy 的核心数据结构 ndarray 造就了其高效性，它封装了一个多维的数组和多种低级或高级的操作方法。与普通的 Python 列表相比，它具有以下特点。

（1）NumPy 数组在创建之后大小就固定了，如果强行修改其大小，那么将会导致原数组被删除并创建新数组。

（2）所有 NumPy 数组中的数据必须为同一类型，这一点类似 C 语言中的数组。

（3）NumPy 数组可使用高级的数学和计算操作，这样相关操作所需的代码更少、运行效率更高。

（4）越来越多的科学计算与数学相关的包使用了 NumPy 数组，这样掌握 NumPy 数组的方法就能更加容易学习其他相关包，比如很多深度学习框架的底层数据结构及使用方法与 NumPy 数组极其相似。

ndarray 结构体包含以下重要的属性。

（1）ndim：数据的维数，比如向量是 1 维，矩阵是 2 维。

（2）shape：数据的具体维度大小，用一个元组表示，比如向量的 shape 可能是（1，20）。

（3）size：所有数据的数量，比如一个 10×20 的矩阵的 size 就是 200。

（4）dtype：数据的具体数据类型，比如 int32 或者 float64。

下面的例子简单展示了上面提及的属性的具体含义：

```
a = np.array([[3,5],[1,8],[2,9]])
print(a)
print('dtype:',a.dtype)
print('ndim:{} size:{}'.format(a.ndim,a.size))
print('shape:{}'.format(a.shape))
```

输出结果如下：

```
[[3 5]
 [1 8]
 [2 9]]
dtype:int32
ndim:2 size:6
shape:(3,2)
```

除了此处代码中用到创建数组的方法外，NumPy 还提供了几种非常便捷的用来创建特殊矩阵的方法，代码如下：

```
np.zeros((1,2))        #全 0 数组
np.ones((1,2))         #全 1 数组
np.arange(1,12,2)      #等差整数数组
np.linspace(3,4,5)     #等差浮点数组
```

输出结果如下：

```
array([[0.,0.]])
array([[1.,1.]])
array([1, 3, 5, 7, 9, 11])
array([3. ,3.25,3.5,3.75,4. ])
```

NumPy 还支持用户生成随机数据，或者从文件中直接读取数据。

10.1.3 索引、切片和迭代

1. 索引和切片

NumPy 提供多种数据索引和切片的方法，包括单个数据、多个连续数据、多个不连续数据，甚至逆序，可以让用户非常灵活且高效地获取数组的数据，代码如下：

```
a = np.arange(1,12,2)
print('1:',a)
print('2:',a[1],a[3],a[-1])    #-1 表示最后一个数据
print('3:',a[2:5])             #从 2 到 4 的数据
```

```
print('4:',a[2:])      #从 2 到最后的数据
print('5:',a[::-1])   #逆序
```

输出结果如下：

```
1:[1  3  5  7  9  11]
2:3 7 11
3:[5 7 9]
4:[5  7  9  11]
5:[11  9  7  5  3  1]
```

针对多维数据，提供了类似一维数据的索引操作，代码如下：

```
def f(a,b):
    return a + 3 * b
x = np.fromfunction(f,(3,4),dtype = int)
print('1:',x)
print('2:',x[2,1],x[1,2])      #单个数据
print('3:',x[2,1:3],x[:,2])    #一维多个连续数据
print('4:',x[1:3,1:3])         #多维多个连续数据
print('5:',x[1:3])             #多维自动填充，x[1:3]等价于 x[1:3,:]
```

输出结果如下：

```
1:[[0  3  6  9]
 [1  4  7  10]
 [2  5  8  11]]
2:5 7
3:[5 8] [6 7 8]
4:[[4 7]
 [5 8]]
5:[[1  4  7  10]
 [2  5  8  11]]
```

2. 迭代

这里的迭代就是遍历整个数组的含义。在一维数组上进行迭代，操作与在普通列表上的操作是一样的。而在多维数组上的迭代有两种方式，即基于行和基于单个元素。代码如下：

```
def f(a,b):
    return a * b
x = np.fromfunction(f,(3,5),dtype = int)
print('Row based:')
for row in x:          #基于行迭代
    print(row)
print('Element based:')
for e in x.flat:       #基于单个元素迭代
print(e,end = " ")
```

输出结果如下：

```
Row based:
[0 0 0 0 0]
[0 1 2 3 4]
[0 2 4 6 8]
```

```
Element based:
0 0 0 0 0 0 1 2 3 4 0 2 4 6 8
```

注意，flat 将多维数组的数据变成一维的形式输出。

10.1.4　数组操作

1. 改变数组维度

改变数组维度的代码如下：

```
a = np.arange(1,13).reshape((3,4))
print("1:", a, a.shape)  # 原始 shape
b = a.reshape((2,6))
print("2:", b, b.shape)  # 普通 shape
c = a.ravel()
print("3:", c, c.shape )  # 一维数组
d = a.T
print("4:", d, d.shape)  # 转置
f = a.reshape((2,-1))
print("5:", f, f.shape)  # 自动计算-1 的值
```

输出结果如下：

```
1: [[ 1  2  3  4]
 [ 5  6  7  8]
 [ 9 10 11 12]] (3, 4)
2: [[ 1  2  3  4  5  6]
 [ 7  8  9 10 11 12]] (2, 6)
3: [ 1  2  3  4  5  6  7  8  9 10 11 12] (12,)
4: [[ 1  5  9]
 [ 2  6 10]
 [ 3  7 11]
 [ 4  8 12]] (4, 3)
5: [[ 1  2  3  4  5  6]
 [ 7  8  9 10 11 12]] (2, 6)
```

上面用到的改变数组维度的函数不会更改数组本身的数据，仅仅返回一个改变了维度的数组。与之相反，resize 函数可能会丢失原数组的数据，使用过程中应注意区分。代码如下：

```
a = np.arange(1,13)
print("1:", a, a.shape)  #原始数组
a.resize((4,2))
print("2:", a, a.shape)  #原始 resize，部分数据丢失
```

输出结果如下：

```
1: [ 1  2  3  4  5  6  7  8  9 10 11 12] (12,)
2: [[1 2]
 [3 4]
 [5 6]
 [7 8]] (4, 2)
```

2. 数组拼接

该操作的目的是将两个或多个数组合成一个数组，从而方便后续的统一操作。

```
a = np.arange(1,5).reshape((2,2))
b = np.arange(10,14).reshape((2,2))
c = np.arange(20,24).reshape((2,2))
##垂直方向拼接的两种方法
print("1-1:", np.vstack((a, b)))
print("1-2:", np.concatenate((a, b), axis = 0))
print("1-3:", np.concatenate((a, b, c), axis = 0))
##水平方向拼接的两种方法
print("2-1:",np.hstack((a, b)))
print("2-2:",np.concatenate((a, b), axis = 1))
print("2-3:", np.concatenate((a, b, c), axis = 1))
```

输出结果如下：

```
1-1:[[1  2]
 [3  4]
 [10 11]
 [12 13]]
1-2:[[ 1  2]
 [3  4]
 [10 11]
 [12 13]]
1-3:[[1  2]
 [3  4]
 [10 11]
 [12 13]
 [20 21]
 [22 23]]
2-1:[[1  2 10 11]
 [3  4 12 13]]
2-2:[[1  2 10 11]
 [3  4 12 13]]
2-3:[[1  2 10 11 20 21]
 [3  4 12 13 22 23]]
```

3. 数组分割

与上面相反，数组分割就是将大数组分成多个小数组。

```
a = np.arange(1,13).reshape((3,4))
##垂直方向分割的两种方法
print("1-1:",np.vsplit(a,3))
print("1-2:",np.split(a,3 ,axis = 0))
##水平方向分割的两种方法
print("2-1:",np.hsplit(a, 2))
print("2-2:",np.split(a,2,axis = 1))
##不规律分割
print("3:",np.split(a.ravel(),[2,6,9], axis = 0))
```

输出结果如下：

```
1-1:[array([[1,2,3,4]]),array([[5,6,7,8]]),array([[9,10,11,12]])]
1-2:[array([[1,2,3,4]]),array([[5,6,7,8]]),array([[9,10,11,12]])]
```

```
2-1:[array([[1,  2],
      [5,  6],
      [9,10]]), array([[3,  4],
      [7,  8],
      [11, 12]])]
2-2:[array([[1,  2],
      [5,  6],
      [9,10]]),array([[3,  4],
      [7,  8],
      [11,12]])]
3:[array([1,2]),array([3,4,5,6]), array([7,8,9]), array([10,11,12])]
```

4. 拷贝和视图

在处理和操作数组的过程中，有时候数据会被拷贝到新数组，有时候不会。如果在运用 NumPy 时不清楚拷贝和视图关系，则容易陷入一些无法理解的错误之中。关于拷贝问题存在三种情况，即完全不拷贝、浅拷贝（又称视图）和深拷贝，这与 C++中的拷贝关系存在某些相似之处。在下面的代码中，我们用到了 Python 内置的 id()函数来判断对象实例是否发生变化。

```
x = np.arange(1,13)
##1.完全不拷贝
y = x
print("1-1:",x is y) #简单赋值操作，不创建新实例
def t(a):
    return(id(a))
print("1-2:",id(x),t(x),id(y))   #函数调用传参不触发拷贝


##2.获取视图时触发浅拷贝、产生新实例，但数据 base 没变
z = x.view()
print("2-1:",x is z,z.base is x)
print("2-2:",z.flags.owndata)  #z 只"看见"数据，不拥有数据
w = x.reshape((3,-1))  # reshape 产生视图，不改变原数组
print("2-3:",w.base is x, x.shape)
u = x[:4]   #切片产生视图，不改变原数组
print("2-4:", u, x[:4])
u[1] = 1111  # 修改视图数据会影响原数组
print("2-5:", u, x[:4])
##3.深拷贝 copy
v = x.copy()
print("3-1:",x is v,v.base is x)
v[0] = 333
print("3-2:",v[:3],x[:3])  #修改深拷贝数据不会影响原数组
```

输出结果如下：

```
1-1:True
1-2:2166514196848 2166514196848 2166514196848
2-1:False True
2-2:False
2-3:True (12,)
2-4:[1 2 3 4] [1 2 3 4]
```

```
2-5:[   1 1111    3    4] [   1 1111    3    4]
3-1:False False
3-2:[333 1111    3] [   1 1111    3]
```

10.1.5　数学运算

除前面的索引、切片和数组合并及分割等操作作为铺垫外，NumPy 还提供了非常丰富和灵活的与数学相关的运算，如基本的加、减、乘、除、排序、统计运算和线性代数运算等。

1. 标量和数组的基础运算

标量是指单个数值，数组一般代表向量和数组，使用 NumPy 可高效实现这一类的基本运算。代码如下：

```
x = np.arange(2.0,7.0)
y = np.array([[2.0,1.0],[3.0,4.0]])
a = 2
print("x = ",x)
print("y = ",y)
##加法
print("x + a = ",x+a)
print("y + a = ",y+a)
##减法
print("x - a = ",x-a)
print("y - a = ",y-a)
##乘法
print("x * a = ",x*a)
print("y * a = ",y*a)
##除法
print("x / a = ",x/a)
print("y / a = ",y/a)
```

输出结果如下：

```
x = [2. 3. 4. 5. 6.]
y = [[2. 1.]
 [3. 4.]]
x + a = [4. 5. 6. 7. 8.]
y + a = [[4. 3.]
 [5. 6.]]
x - a = [0. 1. 2. 3. 4.]
y - a = [[ 0. -1.]
 [ 1.  2.]]
x * a = [ 4.  6.  8. 10. 12.]
y * a = [[4. 2.]
 [6. 8.]]
x / a = [1.  1.5 2.  2.5 3. ]
y / a = [[1.  0.5]
 [1.5 2. ]]
```

通过上面的例子可以看到，在不使用循环语句的情况下就可以实现多个元素的基本操作，大大减少了代码量。

2. 数组和数组的基本运算

数组和数组的基本运算一般是对应元素的一一操作，比如：

$$C = A\blacksquare B，其中\blacksquare表示任意基本操作$$

那么运算结果是 $C[i,j] = A[i.j]\blacksquare B[i,j]$。

```
x = np.array([[2.0,2.0],[2.0,2.0]])
y = np.array([[2.0,1.0],[3.0,4.0]])
print("x = \n",x)
print("y = \n",y)
##加法
print("x + y = \n",x+y)
##减法
print("x - y = \n",x-y)
##乘法
print("x * y = \n",x*y)
##除法
print("x / y = \n",x/y)
```

输出结果如下：

```
x =
 [[2. 2.]
 [2. 2.]]
y =
 [[2. 1.]
 [3. 4.]]
x + y =
 [[4. 3.]
 [5. 6.]]
x - y =
 [[ 0.  1.]
 [-1. -2.]]
x * y =
 [[4. 2.]
 [6. 8.]]
x / y =
 [[1.         2.        ]
 [0.66666667 0.5       ]]
```

3. 基础线性代数运算

常用的线性代数运算包括内积、外积和标准矩阵乘法。

```
##dot 普通的向量内积
x,y = np.array([3,1,3]),np.array([1,1,1])
print("inner(x, y):",np.inner(x,y))
##matmul\@ 标准矩阵乘法，输入矩阵大小必须符合乘法规则
a = np.array([[2.0,2.0],[2.0,2.0]])
b = np.array([[2.0,1.0],[3.0,4.0]])
print("np.matmul(a,b):\n",np.matmul(a,b))
print("a@b:\n",a@b)
##dot 多功能函数
```

```
##当输入为 1 维向量，执行内积运算
##当输入为 2 维矩阵，执行标准矩阵乘法
print("dot(x,y):",np.dot(x,y))
print("dot(a,b):\n",np.dot(a,b))
##outer 一维向量外积运算
print("outer(x,y):\n",np.outer(x,y))
```

输出结果如下：

```
inner(x,y):7
np.matmul(a,b):
 [[10. 10.]
 [10. 10.]]
a@b :
 [[10. 10.]
 [10. 10.]]
dot(x, y): 7
dot(a, b):
 [[10. 10.]
 [10. 10.]]
outer(x, y):
 [[3 3 3]
 [1 1 1]
 [3 3 3]]
```

4. 高级线性代数运算

NumPy 也提供更多高级的线性代数运算，如矩阵求逆、矩阵迹、矩阵行列式、特征值计算等。代码如下：

```
x = np.array([[2.0,1.0],[3.0,4.0]])
print("矩阵迹:",np.trace(x))
print("矩阵行列式:",np.linalg.det(x))
print("矩阵逆:\n",np.linalg.inv(x))
val,vec = np.linalg.eig(x)
print("矩阵特征值:",val)
print("矩阵特征向量:\n",vec)
```

输出结果如下：

```
矩阵迹: 6.0
矩阵行列式: 5.000000000000001
矩阵逆:
 [[ 0.8 -0.2]
 [-0.6  0.4]]
矩阵特征值: [1. 5.]
矩阵特征向量:
 [[-0.70710678 -0.31622777]
 [ 0.70710678 -0.9486833 ]]
```

5. 排序和有序统计量

许多编程语言都提供了自带的排序功能，NumPy 则提供了一个其他语言没有的特殊函数

argsort()，即输出原数组排序后的索引数组，在实际场景中需求非常广泛。

```
x = np.random.randint(20,100,(10,))
print("原数组:", x)
print("最大值: ", np.max(x), "最大值的索引: ", np.argmax(x))
print("最小值: ", np.min(x), "最小值的索引: ", np.argmin(x))
print("排序: ", np.sort(x))
print("索引排序: ", np.argsort(x))
```

输出结果如下：

```
原数组:[44 90 60 84 57 25 49 45 55 88]
最大值: 90 最大值的索引: 1
最小值: 25 最小值的索引: 5
排序: [25 44 45 49 55 57 60 84 88 90]
索引排序: [5 0 7 6 8 4 2 3 9 1]
```

6. 基础统计功能

常用的统计功能如求和、平均值和方差等，NumPy 还可以按不同的数据轴分别进行统计。代码如下：

```
x = np.random.randint(20,100,(12,)).reshape((2,6))
print("原数组:\n",x)
print("==<全局统计>==")
print("<全局统计>==总和:{}\n 平均值:{}\n 方
差:{}".format(np.sum(x),np.mean(x),np.std(x)))
print("==<按行统计>==")
print("总和:{}\n 平均值:{}\n 方差:{}".format(np.sum(x,axis = 1),np.mean(x,axis = 1),np.std(x,axis=1)))
print("==<按列统计>==")
print("总和:{}\n 平均值:{}\n 方差:{}".format(np.sum(x,axis = 0),np.mean(x,axis = 0),np.std(x,axis=0)))
```

输出结果如下：

```
原数组:
 [[97 49 71 59 23 79]
 [83 88 79 32 53 79]]
==<全局统计>==
<全局统计>==总和:792
平均值:66.0
方差:21.94310825749169
==<按行统计>==
总和:[378 414]
平均值:[63.69.]
方差:[23.40939982 19.92485885]
==<按列统计>==
```

```
总和:[180 137 150 91 76 158]
平均值:[90. 68.5 75. 45.5 38. 79.]
方差:[7. 19.5 4. 13.5 15. 0.]
```

10.2　Matplotlib 绘图库

10.2.1　Matplotlib 概述

Matplotlib 是一个功能完备且广泛使用的 Python 可视化工具库，可用于创建静态图、动态图，甚至是可交互的对象。Matplotlib 具有以下诸多优点。

（1）绘制高质量的数据图像。

（2）自由定制绘制图像的显示形式和布局，如图 10-1 所示。

（3）用户能对生成的图像进行缩放、选择局部查看。

（4）可导出多种图片格式，包括多种位图和矢量图。

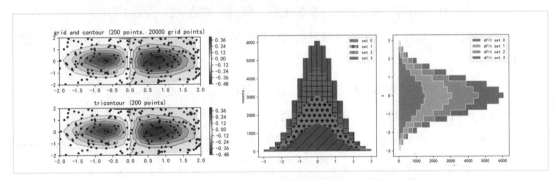

图 10-1　Matplotlib 自由定制绘制图像的显示形式和布局示例图

10.2.2　绘图代码模式

使用 Matplotlib 绘图有两种基本的代码编写模式。

（1）面向对象模式：该模式下需要明确创建绘图区和坐标轴，调用函数时使用面向对象形式，更适合用于创建较复杂的图形任务，其代码形式如代码段 1 所示。

（2）pyplot 模式：该模式和 Matlab 的绘图方法更加接近，在绘制简单图形时比较方便，其代码形式如代码段 2 所示。

代码段 1：

```
fig, ax = plt.subplots(figsize = (2, 3))
ax.plot(x, x, label = 'label-1')
ax.plot(x, x**2, label = 'label-2')
```

```
ax.set_title("OO-style Plot")
ax.legend();
```

代码段 2：

```
plt.figure(figsize = (2, 3))
plt.plot(x, x, label = 'label-1')
plt.plot(x, x**2, label = 'label-2')
plt.title("pyplot")
plt.legend();
```

为了简洁性，我们在介绍时选择面向对象模式来具体实现，同时也建议大家在条件允许时优先采用这种模式，因为它更加适合复杂的绘图场景。

10.2.3 图的组成部分

Matplotlib 创建的图通常由以下部分组成，图 10-2 中标出了图的主要部分。

（1）图（figure）：一个包含所有绘图元素的整体对象，所有的绘图和设置都在对象上进行。

（2）绘图区（axes）：图中一个独立的绘图区域，一个图可包含多个绘图区。

（3）数据轴（axis）：就是横坐标和纵坐标，管理绘图的数据范围和尺度。

（4）绘图者（artist）：图中所有可见的实体都是绘图者，它是 Matplotlib 定义的一个与绘图相关的基类。

（5）标题（title）：图形的标题，每个绘图区拥有独立的标题。

（6）网格（grid）：绘图区内的水平或竖直的平行线。

（7）曲线（plot）和散点（scatter）：数据绘制的具体形式，曲线一般是前后数据关联的，散点则没有这个关联性。

（8）图例（legend）：标明每个绘制图形对应的标签，通常用于说明其对应的数据。

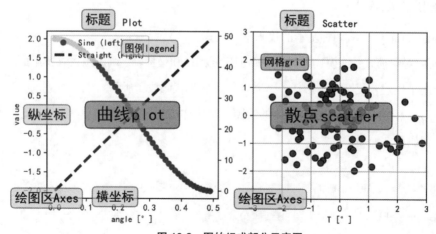

图 10-2　图的组成部分示意图

10.2.4　基本绘图方法

本章后面的例子都是在 Jupyter Notebook 上运行的。为了成功运行，需要进行一些设置。

1. 设置 inline 显示模式

设置 inline 显示模式的代码如下：

```
%matplotlib inline
```

使得 Matplotlib 的图在浏览器环境中正常显示。

2. 导入基础库

导入基础库的代码如下：

```
import matplotlib as mpl
import matplotlib.pyplot as plt
import numpy as np
```

导入绘图所需的库，其中 numpy 用于处理输入数据。

3. 设置中文显示选项

设置中文显示选项的代码如下：

```
plt.rcParams['font.sans-serif'] = ['SimHei']
plt.rcParams['axes.unicode_minus'] = False
```

经过上面的设置之后，可以开始绘制第一张图了，该图中只包含一个绘图区，其结果如图 10-3 所示。

```
fig, ax = plt.subplots()  # 创建一个图 fig，其中包含单个绘图区域 ax
x, y = [1, 4, 6, 7], [3, 1, 5, 3] # 列表 x，列表 y，包含要绘制的数据
ax.plot(x, y);  # 在绘图区 ax 绘制一条曲线，其中 x 为横坐标，y 为纵坐标
ax.set_title("第一个简单图")
```

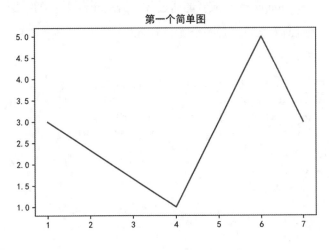

图 10-3　第一个简单图的示例

如果在一个图中需要多个绘图区，那么可以使用如下方法，其结果如图 10-4 所示。

```
# 创建一个图 fig
# 其中包含绘图区域 ax1 和 ax2，水平线性布局
fig, (ax1, ax2) = plt.subplots(1,2)
x, y = [1, 4, 6, 7], [3, 1, 5, 3] # 列表 x、列表 y，包含要绘制的数据
ax1.plot(x, y);  # 在绘图区 ax1 绘制一条曲线
ax1.set_title("第一个绘图区")
ax2.plot(x, y);  # 在绘图区 ax2 绘制一条曲线
ax2.set_title("第二个绘图区")
```

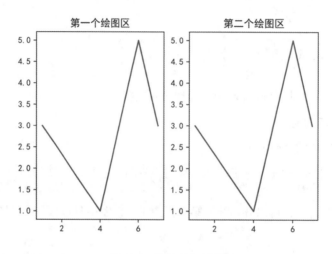

图 10-4　两个绘图区示例

10.2.5　输入数据类型

上面的示例中，我们只使用了 Python 的列表作为输入数据，实际上，多种数据类型都能作为 Matplotlib 的输入，如 numpy.array 或者能通过 numpy.asarray 转换的数据，Python 的字典数据，以及 pandas.DataFrmae（Pandas 是一个基于 NumPy 的上层数据处理库）。下面的示例代码对应的结果如图 10-5 所示。

```
x = np.linspace(0,12,100)  #生成 np.array 数据
fig,ax = plt.subplots(figsize = (5,3))
ax.plot(x,np.cos(x),label = 'cosx') #第一条曲线 cos(x)
ax.plot(x,np.sin(x)*0.5,label = 'sinx/2')  #第二条曲线 sin(x)/2
ax.set_xlabel('x 坐标')
ax.set_ylabel('y 坐标')
ax.set_title("np.array 作为输入")
ax.legend();
ax.grid();
```

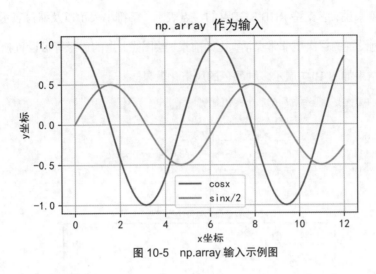

图 10-5 np.array 输入示例图

10.2.6 图的显示风格化

Matplotlib 为绘图提供了丰富的风格化选项，比如颜色、线型、线宽、标注形状等，下面的示例代码对应的结果如图 10-6 所示。

```python
y1,y2,y3 = np.random.randn(50),np.random.randn(50),np.random.randn(50)
fig,ax = plt.subplots(figsize = (6,4))
x = np.arange(len(y1))
ax.plot(x,np.cumsum(y1),linewidth = 2,color = 'green',linestyle = '-')
ax.plot(x,np.cumsum(y2),linewidth = 3,color = 'c',linestyle = ':')
ax.plot(x,np.cumsum(y3),linewidth = 2,color = 'm',linestyle = '-.')
ax.grid()
ax.set_title("设置不同线宽线型和颜色")
```

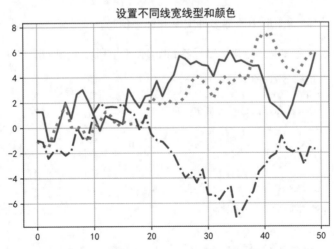

图 10-6 设置不同线宽线型和颜色示例图

仅从颜色一项来说，它支持 RGB/RGBA 的浮点表示、字符串表示以及缩写表示等。除了表示方式多外，颜色设置的层次也非常灵活，比如前景、绘图点、点的边缘等可设置独立的颜色，以下代码对应的结果如图 10-7 展示多种颜色的风格化效果。

```
y1,y2 = np.random.randn(20),np.random.randn(20)
fig,ax = plt.subplots(figsize = (6, 4))
ax.set_facecolor('0.95')   #前景颜色为浅灰色
ax.scatter(y1,y2,s = 100,facecolor = 'C3',edgecolor = 'k');
ax.set_title("设置前景、点及边缘颜色")
```

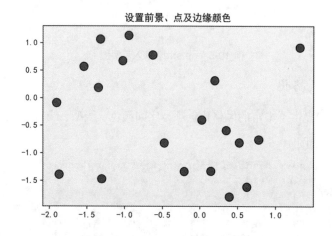

图 10-7　设置前景、点及边缘颜色示例图

10.2.7　文字和标注

Matplotlib 可在绘制的图形中添加多种文字和标注信息。

（1）为特定种类文字如标题、坐标轴标签和图例绘制图形，效果如图 10-8 所示。代码如下：

```
fig,ax = plt.subplots(figsize = (5,3.2))
x = 100 + 10 * np.random.randn(1000)
y = 40 + 15 * np.random.randn(1000)
ax.plot(x,label = '树叶1')
ax.plot(y,label = '树叶2')


ax.set_xlabel('x轴:数据点',color = 'C3')
ax.set_ylabel('y轴:长度[cm]',color = 'C5')
ax.set_title('标题:长度分布',color = 'C2')
ax.legend();   #开启图例显示
```

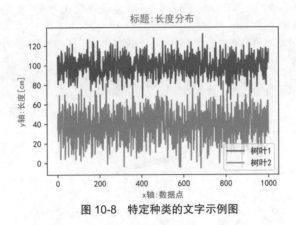

图 10-8　特定种类的文字示例图

（2）为普通文本绘制图形，通常可出现在任意位置，效果如图 10-9 所示。代码如下：

```
x = 50 + 12 * np.random.randn(1000)
fig, ax = plt.subplots(figsize = (6,4))
ax.hist(x,30)
ax.set_ylabel('概率')
ax.set_title('普通文本例子',fontsize = 14)
ax.text(10,80,r'latex 数学公式',fontsize = 12)
ax.text(10,70,r'$\mu = 50,\ \sigma = 12$',fontsize =16,color = 'c')
bbox_props = dict(boxstyle = "round",ec = "k",alpha = 0.7)
ax.text(70,45,r'带外框文本',fontsize = 16,bbox = bbox_props,rotation = 30)
ax.grid(True);
```

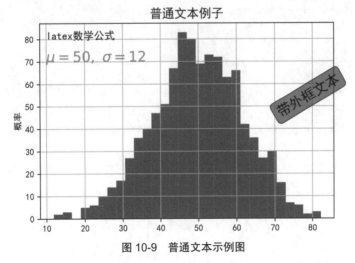

图 10-9　普通文本示例图

（3）为带箭头的文本绘制图形，效果如图 10-10 所示。代码如下：

```
fig, ax = plt.subplots(figsize = (6,3))
t = np.arange(2.0,3.6,0.02)
s = np.cos(2 * np.pi * t)
ax.plot(t,s,lw = 1.5)
ax.annotate('局部最大值',xy = (3,1),xytext = (2.2,1.5),
```

```
                fontsize = 13,arrowprops = dict(facecolor = 'c',shrink = 0.06))
ax.annotate('局部最小值',xy = (2.5,-1),xytext = (3.,-1.5),
            fontsize = 13,arrowprops = dict(facecolor = 'g',shrink = 0.1))
ax.set_ylim(-2,2);
ax.grid();
ax.set_title('带箭头的文本',fontsize=14)
```

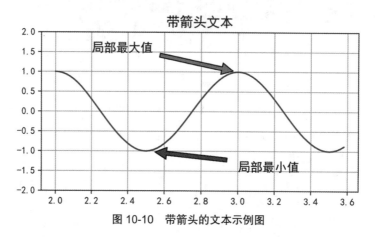

图 10-10 带箭头的文本示例图

10.2.8 附加数据轴

当需要将不同尺度的数据绘制到同一个图中时，就需要涉及附加数据轴。下面的示例代码及图 10-11 展示了附加数据轴的使用方法和视觉效果。

```
fig,(ax1,ax3) = plt.subplots(1,2,figsize = (9,2.7))
ax1.plot(t,s)
ax2 = ax1.twinx()  #创建共享 x 轴的新 y 轴
ax2.plot(t,(s+4*t)*20,'g-.')  #新数据和原数据尺度差距很大
ax3.plot(t,s,'c*')
ax4 = ax3.secondary_xaxis('top',functions=(np.rad2deg,np.deg2rad))
ax3.set_xlabel('角度')
ax4.set_xlabel('弧度')
```

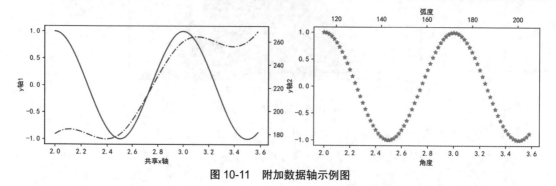

图 10-11 附加数据轴示例图

本章小结

本章介绍了数据科学中非常重要的两个基础库——Numpy 和 Matplotlib。第一部分简要说明了 Numpy 的核心数据结构 array 数组、索引和切片方法、数组基本操作以及多种基础数学运算。第二部分通过多个示例展示了 Matplotlib 绘图的基本使用方法，包括代码模式、图的组成部分、图的绘制方法、显示风格化以及文字标注等功能。对于希望从事数据科学相关工作或研究的人来说，认真学习这两个数据处理库的使用是必经之路。

习题

10-1　简要描述 Numpy.array 和普通 Python 列表的异同，主要从使用方法和性能方面进行分析。

10-2　写出如下 NumPy 代码的输出。

```
a = np.arange(3,20,4);
print(a[-1]);
print(a[1:3]);
print(a[2:]);
```

10-3　谈谈 NumPy 中视图、深拷贝的含义，并举例说明二者的区别。

10-4　使用 NumPy 的求特征值函数解决一个具体的问题，并分析特征值的含义。

10-5　要在 Matplotlib 中正确显示中文应该如何处理？

10-6　简要描述 Matplotlib 中两种代码模式的区别，并举例说明。

10-7　修改 10.2.6 节图的显示风格化的例子代码，使用不同于例子的线宽、线型和颜色配置。

10-8　修改如下代码，使用 text() 函数来实现坐标标签、标题和图例。

```
fig, ax = plt.subplots(figsize=(5, 3.2))
x = 100 + 10 * np.random.randn(1000)
y = 40 + 15 * np.random.randn(1000)
ax.plot(x, label='树叶1')
ax.plot(y, label='树叶2')

ax.set_xlabel('x轴:数据点', color='C3')
ax.set_ylabel('y轴:长度[cm]', color='C5')
ax.set_title('标题:长度分布', color='C2')
ax.legend();
```

10-9　分别用普通 Python 列表和 NumPy 实现功能：计算一个 100×100 的二维数据的每一行每一列的最大值、最小值、中位数、平均值和方差。

10-10　充分运用 Matplotlib 的多种功能，尝试还原图 10-2 中的效果图。

第 11 章 Python 图形界面编程

Python 用于开发图形用户界面的库有 Pyqt、wxPython、Tkinter、Pyside 等，本章选择 wxPython 进行开发。wxPython 库是一个基于 C++开发的跨平台应用框架，可以用来创建 Python 用户界面。与其他绘制控件的 UI 工具包不同，wxPython 使用原生 UI 工具包来创建和显示 UI 组件。这意味着 wxPython 应用程序将与系统上的其他应用程序具有相同的外观和感觉，因为它使用相同的控件和主题。在 wxPython 中开发应用程序，为编写在 Windows、Macintosh OS X、Linux 和其他类似 UNIX 环境中的应用程序提供了极大的灵活性，几乎不需要更改就能将应用部署到另一个平台上。

11.1 第一个 GUI 应用

在开发应用之前，我们需要将 wxPython 库安装至当前环境中，使用 pip 的安装命令如下：

```
pip install -U wxPython
```

随后，可以使用 "import wx" 来引入 wxPython 库，一个最简单的 Hello World 图形应用如下所示：

```
import wx
app = wx.App(False)
frame = wx.Frame(None,title = 'Hello World')
frame.Show()
app.MainLoop()
```

其运行结果如图 11-1 所示。

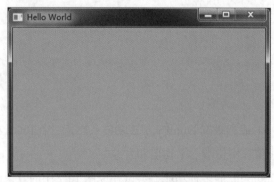

图 11-1 Hello World 图形应用

以上代码中，第一行代码将导入 wxPython 的核心组件。第二行代码将实例化 wxPython 的应用对象，这是必不可少的步骤，并且应用中应该只存在一个 wx.App 对象。其中参数 False 是为了防止 wxPython 捕获 stdout 并将其重定向到 wxPython 自动生成新框架。有了 App 对象后，下一步需要创建一个应用程序框架，即实例化一个 wx.Frame 对象。其完整的语句如下：

```
frame = wx.Frame(parent = None,title = 'Hello World')
```

在本例中，由于 frame 是程序的入口，因此父框架为"无"，设置其 parent = None。而 title 参数是这个框架的标题。接下来需要调用 frame.Show()使用该框架可见，最后调用 App 对象的 MainLoop()方法启动事件循环，以便 wxPython 应用程序能够响应键盘和其他事件。

为了使代码更模块化，我们采用面向对象的方式进行编程，把与框架相关的组件放在框架类中，并将组件定义至面板类中。那么，Hello World 应用更新如下：

```python
import wx
class MyFrame(wx.Frame):
    def __init__(self):
        super(MyFrame,self).__init__(None,title = 'Hello World')
        self.Show()
if __name__ == '__main__':
    app = wx.App()
    frame = MyFrame()
    app.MainLoop()
```

以上代码中，我们编写了一个自定义类 MyFrame 继承自 wx.Frame，同时在构造方法中调用 Show()方法使其可见。当然，也可以使用 frame.Show()的方式在实例化对像后手动开启。例如，再实例化一个 frame2=MyFrame()，运行将显示两个窗口，如图 11-2 所示。

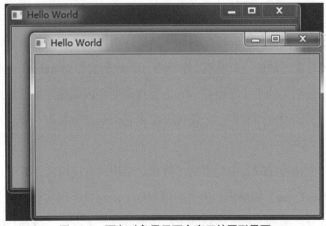

图 11-2　面向对象显示两个窗口的图形界面

11.2 按钮与事件

接下来将再编写一个面板类继承自 wx.Panel，并为其添加一个按钮，具体代码如下所示：

```python
import wx
class MyPanel(wx.Panel):
    def __init__(self,parent):
        super(MyPanel,self).__init__(parent)
        btn = wx.Button(self,label = 'button')
class MyFrame(wx.Frame):
    def __init__(self):
        super(MyFrame,self).__init__(None,title = 'Hello World')
        panel = MyPanel(self)
        self.Show()
if __name__ == '__main__':
    app = wx.App()
    frame = MyFrame()
    app.MainLoop()
```

运行结果如图 11-3 所示。

图 11-3　添加按钮后的图形界面

在本例中，我们在自定义的面板类 MyPanel 中实例化了一个 wx.Button 对象并将它的标题设置为 button。需要注意的是，在编写 MyPanel 类的构造方法时，需要指明它的 parent 参数，即父对象。面板的父对象通常是一个框架，本例中 parent 的实参为 frame。当然，也可以将面板相互嵌套。如果面板是框架的唯一子组件，它也会自动展开以填充框架。如果你在框架上添加一个面板和一个按钮，而没有给它们一个位置，那么它们最终会叠在一起。本章后面将会进一步讨论这一点。

事件是用户使用应用程序时发生的事情。例如，当用户在应用程序处于焦点时按下键盘上的按钮将触发一个 KeyEvent。如果用户单击应用程序上的组件，则将触发某种事件。可以通过创建事件绑定来捕获这些事件。接下来将展示两种事件绑定的方法，分别是绑定事件至按钮与绑定事件至面板。首先来看第一种，代码如下：

```
import wx
class MyPanel(wx.Panel):
    def _ _init_ _(self,parent):
        super(MyPanel,self)._ _init_ _(parent)
        btn = wx.Button(self,label = 'button')
        btn.Bind(wx.EVT_BUTTON,self.on_button_press)
    def on_button_press(self,events):
        print("You pressed the button")
class MyFrame(wx.Frame):
    def _ _init_ _(self):
        super(MyFrame,self)._ _init_ _(None,title = 'Hello World')
        panel = MyPanel(self)
        self.Show()
if _ _name_ _ == '_ _main_ _':
    app = wx.App()
    frame = MyFrame()
        app.MainLoop()
```

运行并按下按钮两次的结果如下:

```
You pressed the button
You pressed the button
```

本例中,通过调用按钮对象的 Bind()方法将按钮对象 btn 绑定到事件 wx.EVT_BUTTON 上,这是一个按钮按下事件, 该方法的参数 self.on_button_press 则是一种自定义的处理方法, 用于定义按下按钮后将做哪些事情。

第二种绑定方式为调用面板类的 Bind()方法, 将事件绑定至该面板对象的成员对象, 如按钮上, 这种方式的好处是允许多个组件绑定同一种事件处理方法。同样, 可以将不同的处理方法绑定到同一个组件上, 但需要调用 event.Skip()来跳至下一个事件处理方法中。下面的代码是将两个事件绑定到同一个按钮上。

```
import wx
class MyPanel(wx.Panel):
    def _ _init_ _(self,parent):
        super(MyPanel,self)._ _init_ _(parent)
        btn = wx.Button(self, label = 'button')
        btn.Bind(wx.EVT_BUTTON, self.on_button_press1)
        self.Bind(wx.EVT_BUTTON,self.on_button_press2,btn)
    def on_button_press1(self,events):
        print("Handler 1 processed")
        events.Skip()
    def on_button_press2(self,events):
        print("Handler 2 processed")
class MyFrame(wx.Frame):
    def _ _init_ _(self):
        super(MyFrame,self)._ _init_ _(None,title = 'Hello World')
        panel=MyPanel(self)
        self.Show()
if _ _name_ _ == '_ _main_ _':
    app = wx.App()
```

```
    frame = MyFrame()
        app.MainLoop()
```

运行该代码的结果如下：

```
Handler 1 processed
Handler 2 processed
```

如果在 on_button_press1 中不使用 events.Skip()方法而跳至另一个事件，则只会运行 Handler 1 processed。这里需要注意事件处理函数的参数只有 events，如果有其他的值需要处理，则可以将它设置为面板类的成员属性。另外，wxPython 中不同的组件会产生不同的事件，具体可以参考 wxPython 的官方文档：https://docs.wxpython.org/wx.CommandEvent.html#wx-commandevent。

11.3　组件布局

wxPython 支持对组件进行相对定位和绝对定位。组件的相对定位需要使用 Sizer 或 Layouts 的特殊容器对象。Sizer 允许调整应用程序的窗口大小，并让组件随之调整大小。使用绝对定位，组件无法扩展或更改位置，调整应用程序的大小时，一些小组件可能会被切断。在使用低分辨率显示器的计算机上加载应用程序，也可能发生这种情况。

绝对定位需要在创建组件对象的时候指定其位置，例如：

```
btn1 = wx.Button(self,label = 'button',pos = (320,30))
```

运行结果如图 11-4 所示。

图 11-4　绝对定位

从以上代码可以看到，在创建对象时将 pos 位置指定为“(320, 30)”，button 按钮将会越界，因此，建议在创建面板时最好使用相对位置，wxPython 中用于相对布局的容器有 wx.BoxSizer、wx.StaticBoxSizer、wx.GridSizer、wx.FlexGridSizer、wx.WrapSizer。通常在应用开发中会使用不同的 Sizer 进行嵌套开发。

这里，我们仍在 MyPanel 类的基础上学习 wx.BoxSizer 的使用方法，首先在 MyPanel 中实例化一个 m_sizer 对象，再将 btn 按钮添加至 m_sizer 中，最后设置 MyPanel 的 Sizer 属性，具体代码如下：

```python
class MyPanel(wx.Panel):
    def __init__(self,parent):
        super(MyPanel,self).__init__(parent)
        btn1 = wx.Button(self,label = 'button1')
        btn2 = wx.Button(self,label = 'button2')
        m_sizer = wx.BoxSizer(wx.HORIZONTAL)
        m_sizer.Add(btn1,proportion = 0,flag = wx.ALL | wx.CENTER,border = 5)
        m_sizer.Add(btn2,proportion = 1,flag = wx.ALL | wx.CENTER,border = 5)
        self.SetSizer(m_sizer)
```

其运行结果如图 11-5 所示。

图 11-5　BoxSizer 水平布局

图 11-5 中，两个按钮呈水平方式铺满整个窗口。这里对代码中的几个关键语句进行说明。首先，wx.BoxSizer(wx.HORIZONTAL)将创建一个水平分布的 Sizer，如果要创建垂直分布的 Sizer，则需要将 wx.HORIZONTAL 参数换成 wx.VERTICAL。另一个重要方法为 Sizer 的 Add 方法，该方法原型语法格式为：

Add(window,proportion = 0,flag = 0,border = 0,userData = None)

其中：window 表示要添加的窗口、组件或别的 Sizer；proportion 参数的值确定被添加的组件是否可改变大小，其值为 0 时表示不改变大小，其值为 1 时表示可改变大小。图 11-5 中有两个按钮，其中 btn1 的 proportion 为 0 而 btn2 为 1。flag 参数也是 int 类型，但 wxPython 预设了一些值分别表示不同的功能，具体如表 11-1 所示。

表 11-1　Flag 参数

参　　数	功　　能
wx.TOP、wx.BOTTOM、wx.LEFT、wx.RIGHT、wx.ALL	这些标志用于指定边框宽度将应用于 Sizer 的哪一侧
wx.EXPAND	组件将展开并填充窗口
wx.SHAPED	组件在保持纵横比的条件下尽可能填充剩余空间
wx.FIXED_MINSIZE	使一个窗口项目保持最初的大小

参　　数	功　　能
wx.RESERVE_SPACE_EVEN_IF_HIDDEN	调整父对话框大小的情况下，动态显示和隐藏控件
wx.ALIGN_CENTER 或 wx.CENTER wx.ALIGN_LEFT wx.ALIGN_RIGHT wx.ALIGN_TOP wx.ALIGN_BOTTOM wx.ALIGN_CENTER_VERTICAL wx.ALIGN_CENTER_HORIZONTAL	指定对齐方式

flag 为 flag = wx.ALL | wx.CENTER，表示该按钮四周都存在边框，并且对齐方式为水平居中，这里，如果改变其中一个按钮的 flag 为 wx.ALL | wx.ALIGN_BOTTOM，则产生的窗口如图 11-6 所示。

```
m_sizer.Add(btn2, proportion=0,flag=wx.ALL | wx.ALIGN_BOTTOM,border=5)
```

图 11-6　设置 flag 参数为 wx.ALIGN_BOTTOM 后的显示窗口

如果设置 flag 为：

```
m_sizer.Add(btn2, proportion = 1,flag = wx.ALL | wx.EXPAND,border = 5)
```

那么将产生如图 11-7 所示的窗口。

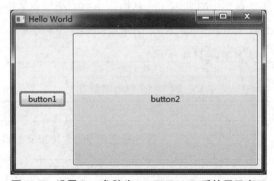

图 11-7　设置 flag 参数为 wx.EXPAND 后的显示窗口

这里需要注意的是，一些对齐方式无法使用 EXPAND 标记。

11.4　图片浏览器

通过前面章节的学习，我们已经了解如何用 wxPython 创建应用窗口、如何添加组件及绑定事件，同时对布局也有一些基本的理解。本节将开发一个图片浏览器，其主要功能是加载并显示一张图片，主要涉及的新知识为 wxPython 标准对话框中的文件对话框 wx.FileDialog。

首先，画一个应用的草图，尽可能只考虑最核心的功能，即加载和显示图片。因此，至少需要一个按钮打开一个图片文件，一个区域显示图片。在 wxPython 中，用于显示图片的类为 wx.Image、wx.StaticBitmap、wx.lib.agw.thumbnailctrl.ThumbnailCtrl。可以使用任何你熟悉的软件，如 visio、photoshop、ai 甚至纸笔来绘制程序草图，这里采用 ai 进行绘制，如图 11-8 所示。

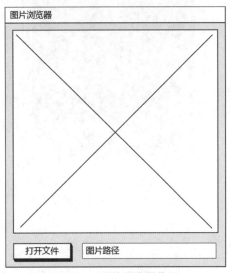

图 11-8　图片浏览器草图

下面根据草图进行编码，先自定义面板类，代码如下：

```python
import wx
class ImagePanel(wx.Panel):
    def __init__(self, parent, image_size):
        super(ImagePanel,self).__init__(parent)
        img = wx.Image(*image_size)
        self.image_ctrl = wx.StaticBitmap(self,bitmap = wx.Bitmap(img))
        browse_btn = wx.Button(self, label = '打开文件')
        m_sizer = wx.BoxSizer(wx.VERTICAL)
        m_sizer.Add(self.image_ctrl, 0, wx.ALL, 5)
        m_sizer.Add(browse_btn)
        self.SetSizer(m_sizer)
        m_sizer.Fit(parent)
        self.Layout()
class MyFrame(wx.Frame):
    def __init__(self):
        super(MyFrame,self).__init__(None, title = 'Hello World')
```

```
        panel = ImagePanel(self,image_size = (224,224))
        self.Show()
if __name__ == '__main__':
    app = wx.App()
    frame = MyFrame()
        app.MainLoop()
```

这里我们要注意 img = wx.Image(*image_size)语句，它实例化了 wx.Image 对象，其参数 *image_size 中的*号为解码操作，能将列表或元组中的元素解包出来，如*(1,2)将会产生 1,2。随后创新 wx.StaticBitmap 对象用于展示图片。最后创建垂直分布的 Sizer 将图片区域与按钮进行排列，产生的图片浏览器窗口如图 11-9 所示。

图 11-9　图片浏览器窗口

下一步需要将地址栏加入 ImagePanel 中，由于现在主 Sizer 为垂直模式，如果直接创建一个文本框对象再将其加入 m_sizer，则它将排列在打开文件下方。因此，我们需要再创建一个水平 Sizer 布局 h_sizer，先将按钮和地址栏加入水平布局中，再将水平布局加入 m_sizer 布局，具体代码如下：

```
class ImagePanel(wx.Panel):
    def __init__(self, parent, image_size):
        super(ImagePanel,self).__init__(parent)
        img = wx.Image(*image_size)
        self.image_ctrl = wx.StaticBitmap(self,bitmap=wx.Bitmap(img))
        browse_btn = wx.Button(self, label='打开文件')
        self.photo_txt = wx.TextCtrl(self)
        m_sizer = wx.BoxSizer(wx.VERTICAL)
        h_sizer = wx.BoxSizer(wx.HORIZONTAL)
        h_sizer.Add(browse_btn, 0, wx.ALL, 5)
        h_sizer.Add(self.photo_txt, 0, wx.ALL, 5)
        m_sizer.Add(self.image_ctrl, 1, wx.ALL, 5)
        m_sizer.Add(h_sizer,0,wx.ALL,5)
        self.SetSizer(m_sizer)
        m_sizer.Fit(parent)
        self.Layout()
```

运行结果如图 11-10 所示。

图 11-10　加入地址栏的图片浏览器窗口

我们需要为该窗口添加两个核心功能，首先打开一个文件并将其路径显示在地址栏中，再将图片加载至 StaticBitmap 中并进行显示。

加载图片时，需要对图片尺寸进行调整以适应我们的窗口，因此，在 ImagePanel 类中定义一个成员属性 self.max_size=224。然后开始编写按钮"打开文件"的事件处理方法。该方法将打开一个文件对话框，并将选择的图片路径传递至文本框中，具体代码如下：

```python
class ImagePanel(wx.Panel):
    def __init__(self, parent, image_size):
        super(ImagePanel,self).__init__(parent)
        img = wx.Image(*image_size)
        self.image_ctrl = wx.StaticBitmap(self,bitmap = wx.Bitmap(img))
        browse_btn = wx.Button(self, label='打开文件')
        self.photo_txt = wx.TextCtrl(self)
        m_sizer = wx.BoxSizer(wx.VERTICAL)
        h_sizer = wx.BoxSizer(wx.HORIZONTAL)
        h_sizer.Add(browse_btn, 0, wx.ALL, 5)
        h_sizer.Add(self.photo_txt, 0, wx.ALL, 5)
        m_sizer.Add(self.image_ctrl, 1, wx.ALL, 5)
        m_sizer.Add(h_sizer,0,wx.ALL,5)
        self.SetSizer(m_sizer)
        m_sizer.Fit(parent)
        self.Layout()
        self.Bind(wx.EVT_BUTTON,self.on_browse,browse_btn)

    def on_browse(self, event):
        wildcard = "JPEG files (*.jpg)|*.jpg"
        with wx.FileDialog(None, "Choose a file",
wildcard = wildcard,style = wx.FD_OPEN) as dialog:
            if dialog.ShowModal() == wx.ID_OK:
                self.photo_txt.SetValue(dialog.GetPath())
```

运行后，点击打开文件按钮将弹出一个文件对话框，如图 11-11 所示。

图 11-11　文件对话框

选择图片后，对应的窗口如图 11-12 所示。

图 11-12　选择图片后的浏览器窗口

从图 11-12 可以看到，图片并未显示在应用中，这是因为还没有编写加载和显示图片的方法，因此下一步需要将图片打开至 StaticBitmap 中。该对话框主要依靠实例化 wx.FileDialog 对象来实现，而该对象的构造函数原型如下：

```
FileDialog(parent, message=FileSelectorPromptStr,
        defaultDir="", defaultFile="",
        wildcard=FileSelectorDefaultWildcardStr, style=FD_DEFAULT_STYLE,
        pos=DefaultPosition, size=DefaultSize, name=FileDialogNameStr)
```

其参数包括 parent、message、defaultDir、defaultFile、wildcard、style、pos、size、name 等，其中关键参数为 parent、message、wildcard 及 style。parent 参数用于指定该对话框的父窗口，

message 用于指定对话框的标题，wildcard 为一个字符串通配符，指定打开的文件类型如"BMP files (.bmp)|.bmp|GIF files (.gif)|.gif"，本例中只能打开 jpg 图片文件。style 参数用于指定对话框窗口的样式，有 wx.FD_OPEN、wx.FD_SAVE、wx.FD_OVERWRITE_PROMPT、wx.FD_NO_FOLLOW、wx.FD_FILE_MUST_EXIST 等。随后，判断对话框是否打开文件，若已打开文件，则获取路径并设置到文本框中。

最后一步为显示图片，这里我们再编写一个面板类的 load_image ()方法用于读取该路径的图片展示，具体代码如下所示：

```python
def load_image(self):
    filepath = self.photo_txt.GetValue()
    img = wx.Image(filepath, wx.BITMAP_TYPE_ANY)
    W = img.GetWidth()
    H = img.GetHeight()
    if W > H:
        NewW = self.max_size
        NewH = self.max_size * H / W
    else:
        NewH = self.max_size
        NewW = self.max_size * W / H
    img = img.Scale(NewW,NewH)
    self.image_ctrl.SetBitmap(wx.Bitmap(img))
        self.Refresh()
```

在 on_browse()方法最后调用该函数，代码如下：

```python
def on_browse(self, event):
    wildcard = "JPEG files (*.jpg)|*.jpg"
    with wx.FileDialog(None, "选择文件",wildcard = wildcard,
style = wx.FD_OPEN) as dialog:
        if dialog.ShowModal() == wx.ID_OK:
            self.photo_txt.SetValue(dialog.GetPath())
                self.load_image()
```

运行结果如图 11-13 所示。

图 11-13　完整的图片浏览器界面

11.5 简易计算器

本节将利用 wxPython 制作一个简易的计算器图形界面，该计算器提供加、减、乘、除四种基本运算。开发思路大致为：设计界面、记录按下的数字与运算、计算结果并显示出来。在设计界面之前，我们应考虑一个问题，如果我们拿到一个字符串"1+2*3"，那么如何使用 Python 得到这个式子的计算结果 7 呢？Python 中提供了函数 eval()能够把字符串当成普通的 Python 语句或表达式执行，具体代码如下所示：

```
>>> s = "1+2*3"
>>> eval(s)
7
>>> eval('pow(2,2)')
4
```

这里，我们使用字符号记录按下的数字与运算按钮，产生一个算式，然后用 eval()方法计算该算式的值。如同图片浏览器，我们还是会绘制出简易计算器的草图，如图 11-14 所示。首先，计算器应用中应该有一个文本框用于记录按下的按钮，并且该文本框是不可编辑的。另外需要一个显示结果的标签，该组件在 wxPython 中一般为静态文本（StaticTex）类型。然后，我们需要一系列的按钮，分别为 0~9 以及小数点（.）、加、减、乘、除与清除等基本运算符。最后，还需要一个"等于"符号按钮，用来计算结果。

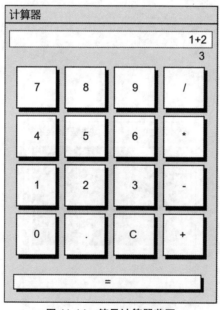

图 11-14　简易计算器草图

根据简易计算器草图，我们编写自定义框架类，具体代码如下：

```
class MyFrame(wx.Frame):

    def _ _init_ _(self):
        no_resize = wx.DEFAULT_FRAME_STYLE & ~
(wx.RESIZE_BORDER | wx.MAXIMIZE_BOX)
        super(MyFrame,self)._ _init_ _(None,size=(350, 375),
title = '简易计算器',style = no_resize)
        panel=CalcPanel(self)
        self.Show()

if _ _name_ _ == '_ _main_ _':

    app = wx.App()
    frame = MyFrame()
        app.MainLoop()
```

这里，CalcPanel 是自定义的面板类，现在它的类主体暂时用 pass 填充，运行的结果如图 11-15 所示。接下来定义面板类 CalcPanel。前面我们都是在面板类的构造函数中去定义。

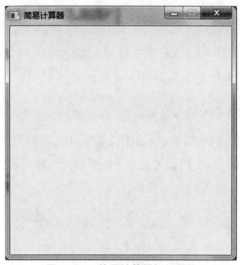

图 11-15 简易计算器框架界面

计算器应用的按钮非常多，且每个按钮都需要绑定事件，因此，可以将组件定义与事件绑定代码再进一步封装为面板类的成员方法，这里定义 create_panel 方法，具体代码如下所示：

```
class CalcPanel(wx.Panel):
    def _ _init_ _(self,parent):
        super(CalcPanel,self)._ _init_ _(parent)
        self.create_pannel()
    def create_pannel(self):
        main_sizer = wx.BoxSizer(wx.VERTICAL)
        font = wx.Font(12, wx.MODERN,wx.NORMAL,wx.NORMAL)
        self.solution = wx.TextCtrl(self,style = wx.TE_RIGHT)
        self.solution.SetFont(font)
        self.solution.Disable()
        main_sizer.Add(self.solution,0,wx.EXPAND|wx.ALL,5)
```

```
        self.running_total = wx.StaticText(self)
        main_sizer.Add(self.running_total, 0, wx.ALIGN_RIGHT)
        buttons = [['7','8','9','/'],
                   ['4','5','6','*'],
                   ['1','2','3','-'],
                   ['.','0','C','+']]
        for label_list in buttons:
            btn_sizer = wx.BoxSizer()
            for label in label_list:
                button = wx.Button(self,label=label)
                btn_sizer.Add(button,1,wx.EXPAND,0)
            main_sizer.Add(btn_sizer,1,wx.EXPAND)
        equals_btn = wx.Button(self,label='=')
        main_sizer.Add(equals_btn,0,wx.EXPAND|wx.ALL,3)
        self.SetSizer(main_sizer)
```

在 create_pannel 方法中，main_sizer = wx.BoxSizer(wx.VERTICAL)与 font = wx.Font(12,wx.MODERN,wx.NORMAL,wx.NORMAL)这两行代码首先定义了一个主 Sizer 与文字的字体和样式，代码如下：

```
self.solution = wx.TextCtrl(self, style=wx.TE_RIGHT)
self.solution.SetFont(font)
self.solution.Disable()
main_sizer.Add(self.solution, 0, wx.EXPAND|wx.ALL, 5)
```

以上这四行代码定义了第一个文本框用于显示和获取算式，将字体设置为之前定义的 font，并且设置为不可编辑，最后添加至主 Sizer 中，代码如下：

```
self.running_total = wx.StaticText(self)
main_sizer.Add(self.running_total, 0, wx.ALIGN_RIGHT)
```

以上这两行代码定义了算式的结果显示组件。最后用循环的方式定义了一系列数字与运算符按钮。并在将按钮加入 btn_sizer 时设置其为可扩展填充，即 wx.EXPAND。在面板类的构造方法内调用该方法，运行结果如图 11-16 所示。

图 11-16 添加组件后的界面

下面需要编写事件并绑定到这些按钮上。思路是记录每次按下的按钮，并将其显示到 self.solution 中。这里有一个地方需要注意，当我们按下"1+1"再按下"+"计算器时需要计算当前 1+1 的结果并输出至结果标签处，并且，算式框中需要添加这一个加号，为此，我们编写事件更新等式代码如下：

```python
def update_equation(self, event):
    operators = ['/', '*', '-', '+']
    btn = event.GetEventObject()
    label = btn.GetLabel()
    current_equation = self.solution.GetValue()
    if label not in operators:
        if self.last_button_pressed in operators:
            self.solution.SetValue(current_equation + ' ' + label)
        else:
            self.solution.SetValue(current_equation + label)
    elif label in operators and current_equation != '' \
and self.last_button_pressed not in operators:
        self.solution.SetValue(current_equation + ' ' + label)
    self.last_button_pressed = label
    for item in operators:
        if item in self.solution.GetValue():
            self.update_solution()
                break
```

因为要实时更新运算的结果，因此需要再定义一个 update_solution 方法，以实时计算等式，具体代码如下：

```python
def update_solution(self):
    try:
        current_solution = str(eval(self.solution.GetValue()))
        self.running_total.SetLabel(current_solution)
        self.Layout()
        return current_solution
    except ZeroDivisionError:
        self.solution.SetValue('ZeroDivisionError')
    except:
            pass
```

现在结合看这两种方法，第一种方法中，定义了加、减、乘、除四种运算符，并通过 event 参数获取当前按下按钮的标签。接下来对标签进行判断，这里总体分为两种情形。第一种情形为当前按下的按钮，即不是运算符，此时又分两种情形，即当前按钮被按下前，上一次最后按下的按钮是否为运算符。若上一次按下的为运算符如"+"，那么将当前等式后拼接字符串空格加上当前按下的按钮值，比如"+1"。若上一次按下的为数值，如"1"，那么应该直接将当前按钮的值拼接当前等式，如"11"。 第二种情形为当前按下的按钮为操作符，当前等式不为空，上一次按下的不是运算符，此时在原等式字符串后拼接空格和当前按下的运算符，如"1 + 1"按下"+"后，等式字符串变为"1+1+"。构造当前等式后需要实时更新算式结果，比如按下"1+1+"后的结果应该显示为2，这里调用第二个函 update_solution 计算算式的结果。而 update_solution 函数的主要功能是通过 eval 方法计算当前等式的值，将其转换为字符串后并赋给 current_solution，同时，设置实时结果 running_total 为当前结果 current_solution。最后更新界面。注意，由于除法运算中的除数不能为 0，因此将计算结果代码块放到异常捕获中，捕获除零异常。将事件绑定至相关按钮上的代码如下：

```
for label in label_list:
    button = wx.Button(self, label=label)
if label != 'C':
    button.Bind(wx.EVT_BUTTON, self.update_equation)
else:
    pass
```

运算结果如图 11-17 所示。

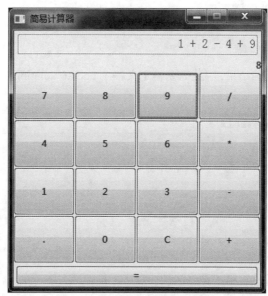

图 11-17　绑定事件后的输入界面

从图 11-17 可以看到，目前还有两个按钮的功能没有实现，清除按钮"C"与等号按钮，下面我们将为这两个按钮编写事件处理方法。首先是清除按钮，实现的功能是将当前算式清空，具体代码如下：

```
def on_clear(self, event):
    self.solution.Clear()
        self.running_total.SetLabel('')
```

绑定事件到按钮 "C" 上，代码如下：

```
for label in label_list:
button = wx.Button(self, label=label)
if label != 'C':
button.Bind(wx.EVT_BUTTON, self.update_equation)
else:
button.Bind(wx.EVT_BUTTON, self.on_clear)
```

下面还有最后一个按钮，即等号按钮。它的功能比较简单，按下时调用 update_solution 方法计算当前等式的结果，并且，如果结果不为空，则将当前等式设置为结果值，同时清空结果区，具体代码如下：

```
def on_total(self, event):
    solution = self.update_solution()
if solution:
    self.solution.SetValue(solution)
    self.running_total.SetLabel('')
```

绑定事件至按钮上后，运行结果如图 11-18 所示。

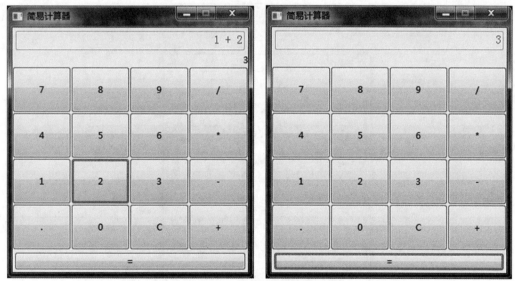

图 11-18　等号功能界面

最后引入 pyinstaller 包将这个计算器应用发布为可执行文件，首先安装该包，其命令如下：

```
pip install pyinstaller
```

安装后在命令控制台运行如下命令：

```
pyinstaller gui.py --onefile -w
```

命令执行过程如图 11-19 所示。

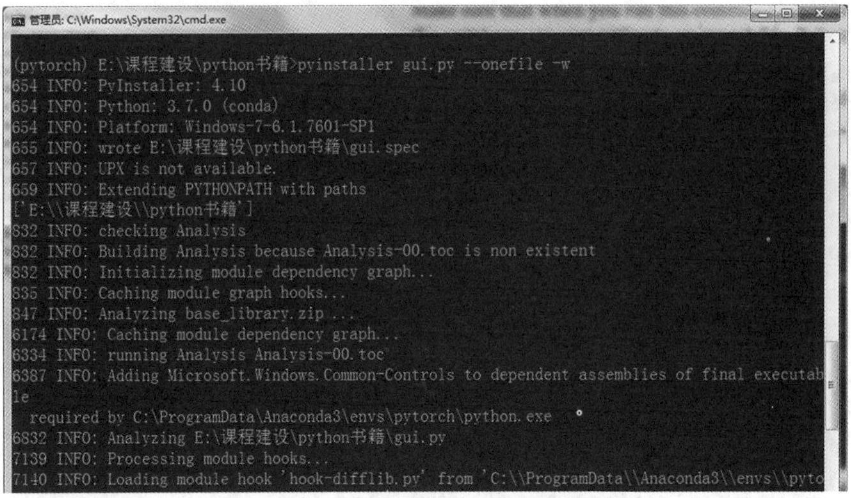

图 11-19　发布命令执行过程界面

发布后，将在 gui.py 文件夹下创建两个子文件夹 build 与 dist，二进制可执行文件就在 dist
文件夹中，如图 11-20 所示。

图 11-20　发布应用结果

本章小结

本章首先介绍了 Python 图形界面编程技术与 wxPython 的使用，详细阐述了 wxPython 中的
Frame 框架组件、Panel 面板组件、按钮、图片、文本框等控件。其次学习了事件编写与绑定方
法，并且通过两个实例——图片浏览器与简易计算器的开发，加深 wxPython 开发图形用户界面

应用的实践能力。最后，介绍了如何将自己的应用发布为二进制可运行文件。

习题

11-1　扩展图片浏览器应用，能够以幻灯片的形式浏览指定文件夹下的所有图片。

提示：

step 1　绘制应用界面草图，扩展的图片浏览器包括一个打开文件夹工具栏按钮、一个图片显示组件、三个图片导航按钮，如图 11-21 所示。

step 2　编写自定义的 Frame 框架类与 Panel 类，分别继承自 wx.Frame 和 wx.Panel。

step 3　自定义类中添加各种组件，其中打开文件按钮可以为面板类的普通成员按钮 wx.Botton，也可以用框架类 CreateToolBar 方法创建一个工具栏按钮，图片展示组件为 wx.StaticBitmp 类。

step 4　编写各组件的事件，其中打开文件夹事件中涉及的对话框为：

```
wx.DirDialog(self, "Choose a directory", style = wx.DD_DEFAULT_STYLE)
```

获取文件路径的方法为：

```
photos = glob.glob(os.path.join(self.folder_path, '*.jpg'))
```

三个普通按钮的事件可参考第 11.4 节。

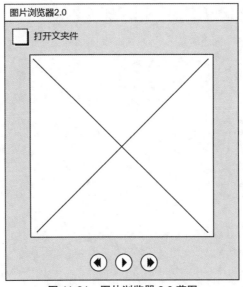

图 11-21　图片浏览器 2.0 草图

11-2　为第 11.5 节中的简易计算器添加"括号"运算符、"求幂"运算符与"开方"运算符，并实现其对应的功能。

提示：

step 1　绘制草图，在图 11-14 的基础上添加相应的运算符按钮。

step 2　参考第 11.5 节简易计算器的布局代码，自定义面板类与相关的 Sizer。

step 3　编写并绑定事件。

参考文献

[1] 董付国.Python 程序设计[M].3 版.北京：清华大学出版社，2020.

[2] Magnus Lie Hetland.Python 基础教程[M].3 版.袁国忠,译.北京：人民邮电出版社，2018.

[3] 埃里克·马瑟斯.Python 编程——从入门到实践[M].袁国忠,译.北京：人民邮电出版社，2020.

[4] 江红，余青松.Python 程序设计与算法基础教程[M].2 版.北京：清华大学出版社，2020.

[5] 夏敏捷，张西广.Pythonc 程序设计应用教程[M].北京：中国铁道出版社，2018.

[6] 角明.Python 科学计算入门[M].陈欢,译.北京：中国水利水电出版社，2021.

[7] 吉田拓真,尾原飒.numpy 数据处理详解[M].陈欢,译.北京：中国水利水电出版社，2021.

[8] 刘大成.Python 数据可视化之 matplotlib 实践[M].北京：电子工业出版社，2018.

[9] 安东尼奥·米勒.Django 3 项目实例精解[M].李伟,译.北京：清华大学出版社，2021.